그림 1

국산 초 · 중등 훈련기 KT-1(속도 481km/h, 950마력의 터보프롭). M.Aero 01-11

그림 2

국산 초음속 고등훈련기 T-50(M=1.4). M.Aero 04-5

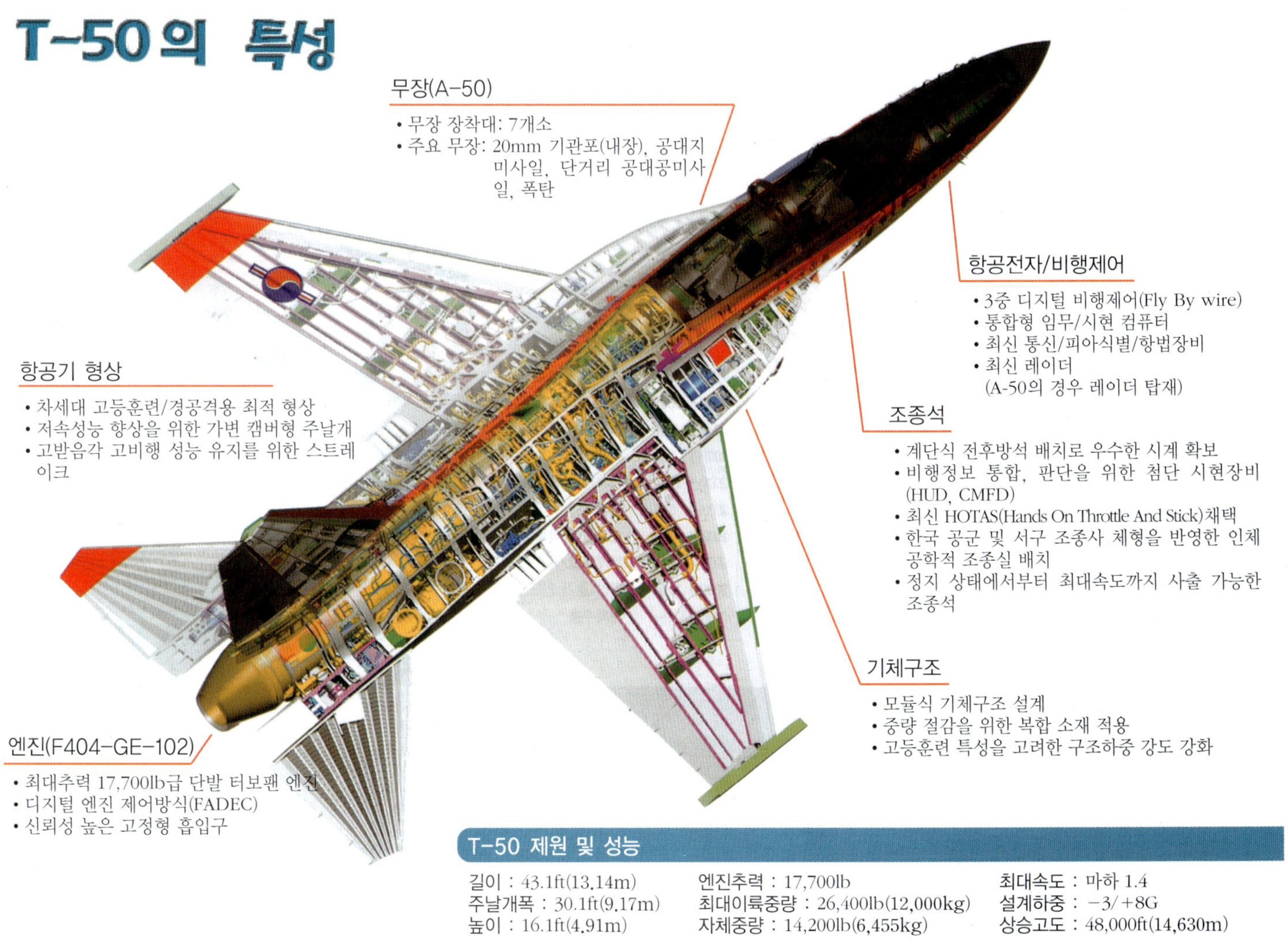

그림 3 국내에서 개발한 초음속 고등훈련기 T-50의 특성. M.Aero 01-12

그림 4 한국공군의 주력전투기 F-15K(M=2.3). M.Aero 05-10

그림 5 신기술이 적용된 미공군 주력전투기 F-22 랩터(M=1.7). M.Aero 01-3

그림 6 세계에서 제일 빠른 초음속 고고도 정찰기 SR-71(M=3.3). M. Aero 01-2

그림 7 국제 에어쇼에서 신비의 코브라 기동비행을 선보이는 러시아의 초음속 전투기 수호이 SU-37 (M=2.1). M.Aero 96-11

그림 8 귀날개(canard)와 이중삼각날개의 초음속전투기(M=1.8)인 프랑스의 Rafale A

스텔스 폭격기와 전투기

스텔스(stealth) 항공기는 레이더 탐지를 피할 수 있는 비행기를 말하는 것으로, 현재 등장한 스텔스기는 일반적인 비행기의 모습과는 전혀 다른 기묘한 형태를 하고 있다. 레이더 반사를 줄이기 위하여 고안된 검은색의 특수물질코팅과 특수한 각을 이룬 기체구조 그리고 외부에 드러나지 않은 엔진과 무장배치 등은 스텔스기를 매우 신비스런 존재처럼 보이게 한다.

1988년에 모습을 드러낸 스텔스 폭격기 B-2는 동체 전부가 날개로 되어 있다. 1940년대에 존 노드롭이 처음으로 구상한 개념이 결국 실제로 등장하게 된 B-2는 컴퓨터를 이용한 첨단 자세 제어시스템으로 비행안정성을 확보하고 있다. 비틀거리는 도깨비(wobbly goblin) 또는 '나는 다리미' 라는 애칭으로도 불리는 F-117 나이트호크 스텔스 전투기(미군의 전투기 분류기호인 'F' 가 붙어 있지만, 정확하게는 전투기라기보다는 공격기라고 해야 함)는 1980년대에 개발이 진행되어 1989년에 실전배치되었다. 적의 육안탐지를 피해 야간에만 비행하는 이 전투기는 걸프전에서 적의 주요목표에 대한 야간 정밀공격에 투입되어 대단한 성공을 거두었다.

B-2

F-117

▼ F-117 4대와 맞먹는 B-2의 크기

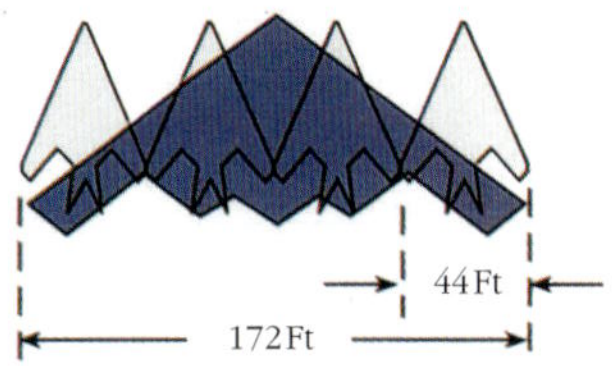

그림 9 스텔스 폭격기(B-2)와 전투기 F-117의 특성. M.Aero 01-2

그림 10 세계 제일의 항공화물운송업체인 KAL의 B747-400화물기 (여객기는 400명 탑승)

그림 11 초대형 여객기 에어버스 A380(승객 555명~최대 840명). M.Aero 03-7

그림 12 보잉사의 차세대 여객기 B7E7(200~250석, M=0.9). M.Aero 03-5
• B787으로 개칭

그림 13 세계 최초의 초음속 여객기였던 콩코드기(1973~2003.10) M=2.2, 승객 100~140명. M.Aero 03-7

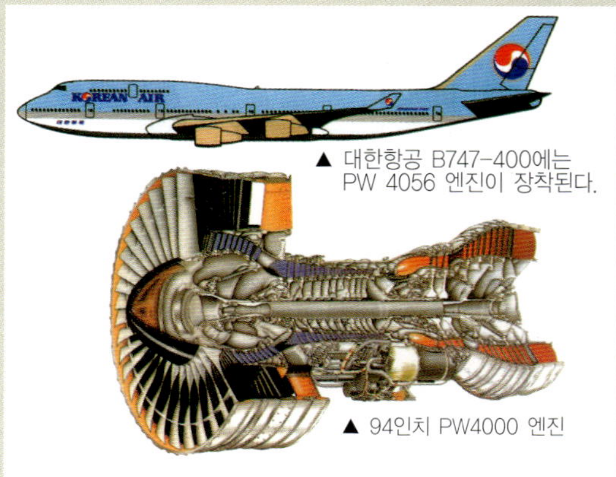

그림 14 B747 점보기에 장착되는 turbo fan 엔진. M.Aero 00-4

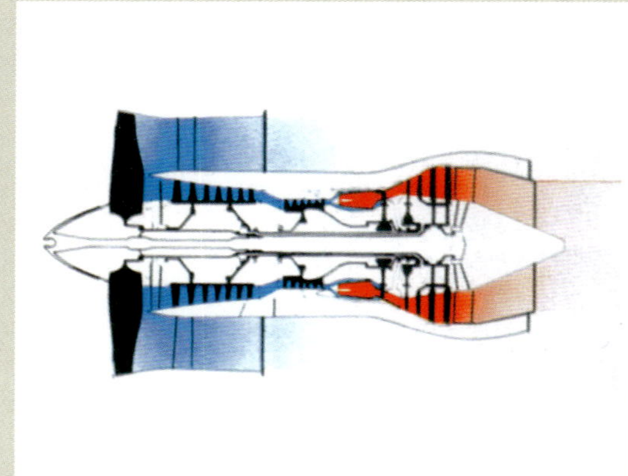

그림 15 Turbo fan 엔진의 내부구조. M.Aero 00-5

그림 16 B777 기종에 장착되는 turbo fan 엔진의 개량형인 PW4090. M.Aero 96-11

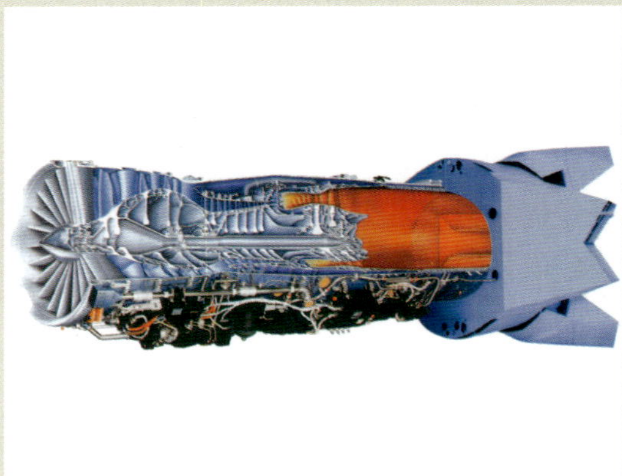

그림 17 미국 주력전투기 F-22에 장착되는 turbo jet 엔진 F119-PW-100. M.Aero 05-2

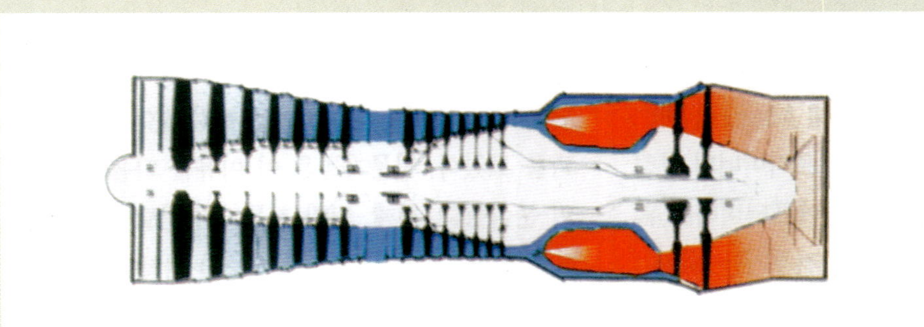

그림 18 Turbo jet 엔진의 내부구조. M.Aero 00-5

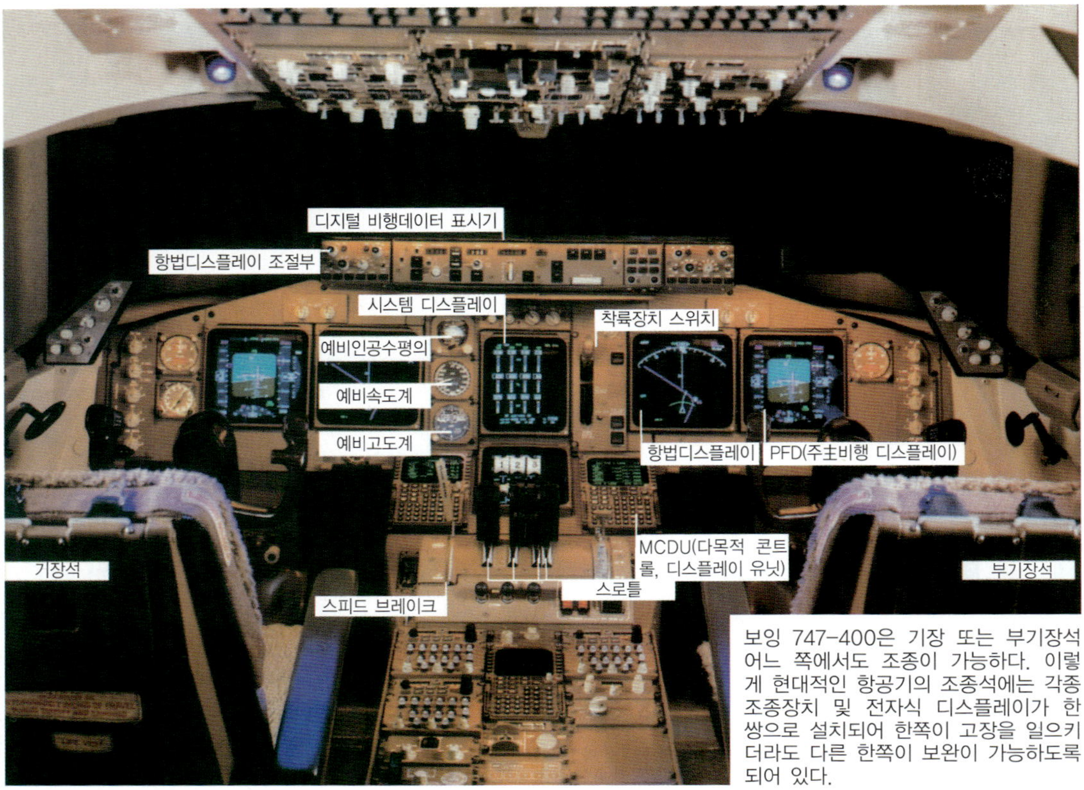

보잉 747-400은 기장 또는 부기장석 어느 쪽에서도 조종이 가능하다. 이렇게 현대적인 항공기의 조종석에는 각종 조종장치 및 전자식 디스플레이가 한 쌍으로 설치되어 한쪽이 고장을 일으키더라도 다른 한쪽이 보완이 가능하도록 되어 있다.

그림 19 보잉 747-400 점보기의 조종실. M.Aero 00-12

그림 20 한국공군의 주력전투기 F-15K의 조종실. M.Aero 01-10

그림으로 보는

항공우주학개론

한국항공대학교 명예교수
공학박사 이 봉 준
공학박사 정 홍 철 지음

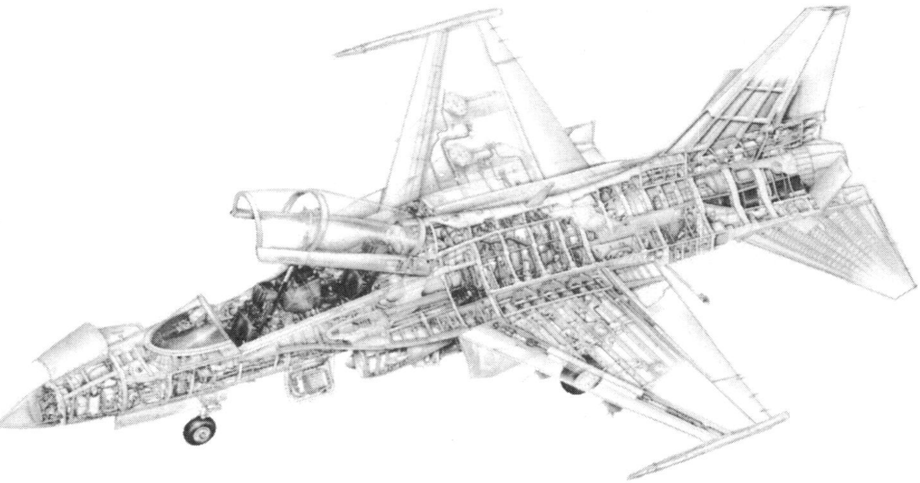

KM 경문사

:: 머리말

1972년에 《항공우주학개론》 초판을 집필할 당시에는 수식이 많이 포함된 전공서적과 같은 내용들이 많아서 '항공우주학특론'이란 별명까지 붙을 정도였습니다. 최근에 출판된 《항공우주학개론》(5판)은 그동안 여러 번의 개정을 통하여 많은 수정·보완이 이루어진 결과, 《항공우주학개론》의 본 성격을 지닌 훌륭한 책이 되었음을 기쁘게 생각합니다.

처음에 항공우주학개론 과목을 담당하여 강의하면서 느낀 바로는 항공우주학 분야가 너무 방대하여 대학 신입생들에게 1학기 동안에 전 내용을 강의하기에는 교수나 학생들에게 너무 큰 부담이 될 것이란 생각이 들었습니다. 따라서 1장에서 11장 끝까지의 전 내용을 한 학기 동안 학생들에게 효율적으로 강의하기 위해서는 도해(圖解)식으로 된 강의용 《항공우주학개론》이 있으면 좋겠다는 생각이 들어 《항공우주학개론》(4판) 중에서 학생들이 꼭 알아야 될 가장 기초적인 내용들만 발췌하여 이를 그림을 위주로 한 《항공우주학개론》의 교안을 만들어 강의하였습니다. 그 결과 1장에서 11장까지 전 내용을 무리 없이 강의할 수 있었고, 또 학생들도 쉽게 이해한다는 것을 알았습니다. 그래서 그동안 도해식으로 강의했던 내용을 정리하여 이 책을 출판하게 된 것입니다.

그 후 2011년도에 발간된 제5판에서는 12장에 '무인항공기'에 대한 내용이 보강되었으며 이는 학생들이 쉽게 이해하도록 상세하게 설명이 되어 있어 별도로 요약이 필요 없을 것 같습니다. 《항공우주학개론》을 수강하는 1학년생들은 개론에서 배운 내용을 2~3학년 과정에서 다시 전공과목으로 상세하고 깊게 공부하기 때문에 고등학교를 갓 졸업하여 항공 분야에 생소한 학생들에게는 항공우주 분야 전반에 걸친 입문(入門)적인 내용만 교육하면 되리라 생각됩니다. 《그림으로 보는 항공우주학개론》에 포함되지 않은 좀더 깊은 내용을 알고 싶을 때는 《항공우주학개론》 책을 참고하여 학생 스스로 공부하면 될 것입니다. 이 책에는 그림을 위주로 한 내용만 간결하게 기술이 되어 있고, 많은 설명이 필요한 내용은 제목만 명기하여 《항공우주학개론》 책을 참고하도록 하였습니다.

이 책에 인용된 화보와 관련되는 내용은 인용문헌(예. M.Aero 05-10: 월간항공 2005년 10월호)을 참고하시기 바라며, 이 책의 순서와 내용은 한국항공우주학회의 《항공우주학개론》(4판)을 요약하여 편찬하였기 때문에 학생들이 공부하거나 교수님들이 강의하는 데 혼란이 없을 것입니다. 앞으로 미숙한 내용들은 계속 보완하고 수정하면서 좋은 책이 되도록 노력하겠습니다.

이 책이 대학에 갓 입학한 신입생들에게, 또 항공우주학개론을 강의하시는 교수님들께 많은 도움이 되었으면 합니다. 이 책의 출판을 위해 힘쓰신 경문사와 항공사진을 인용토록 배려해주신 월간항공 잡지사에 감사의 마음을 전합니다.

2017년 7월(초판 2006년 3월)

저자

:: Contents

1 항공우주공학의 소개

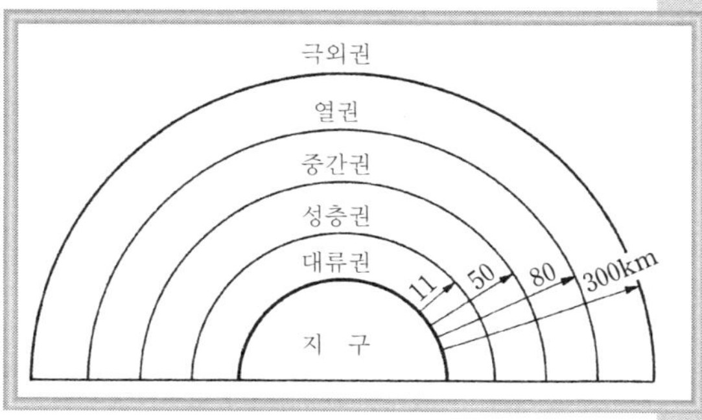

그림 1-1 대기권의 구조

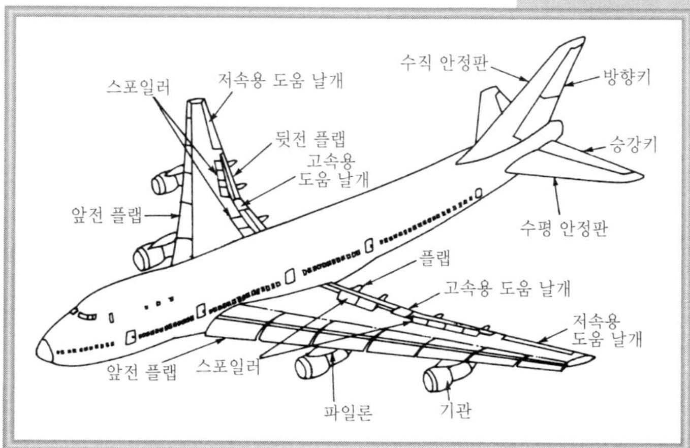

그림 1-2 항공기 각부의 명칭

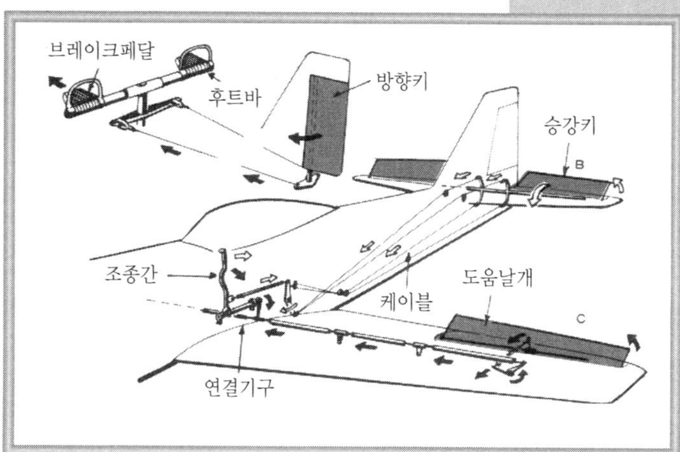

그림 1-3 항공기의 조종

대기권 및 우주공간의 구분

- 대기권 : 지표면에서 고도 2000 km 사이 공간
- 외공간(outer space) : 지구 인접공간 → 달까지 공간 → 행성 사이공간 → 태양계 사이공간 → 태양 → 은하계 사이공간
- I.CA.O.에서 국제 표준대기(I.S.A) 설정

그림 1-1 • 대기권의 구조

- 대류권 : 고도 11km까지, 기상현상(비, 구름)
- 대류권계면 : Jet Stream(100km/h서풍)
- 성층권 : 11km ~ 50km, 온도 일정(−56℃)
- 중간권 : 50km ~ 80km, 고도에 따라 온도 감소
- 열　권 : 80km ~ 500km, 전리층(단파 반사)
- 극외권 : 500km ~ 2,000km, 희박기체

그림 1-2 • 항공기 각부의 명칭

- 도움 날개 : 고속용, 저속용
- 플　랩 : 앞전플랩, 뒷전플랩
- 승강키
- 방향키
- 수평 안정판
- 수직 안정판
- 기관
- 파일론
- 스포일러

그림 1-3 • 항공기의 조종

- 키놀이(pitching)
  - 조종간을 앞뒤로 조작 – 승강키의 상하 운동
- 옆놀이(rolling)
  - 조종간을 좌우로 조작 – 도움 날개의 상하 운동
- 빗놀이(yawing)
  - 페달(후트바)을 밟음 – 방향키의 좌우 운동

항공기의 분류

1944년 ICAO(국제민간항공기구)에 의한 분류

- 비행체
  - 공중 비행체
    - 항공기 – 경항공기, 중항공기(경항공기: 공기보다 가벼움, 중항공기: 공기보다 무거움)
    - 공중 미사일 – 유도탄, 로켓
  - 우주 비행체
    - 우주선
    - 우주 왕복선
    - 우주 미사일
    - 인공위성

- 항공기
  - 경항공기 (공기보다 가벼움)
    - 동력이 없는 것 – 기구
    - 동력이 있는 것 – 비행선
  - 중항공기 (공기보다 무거움)
    - 동력이 없는 것 – 글라이더
    - 동력이 있는 것
      - 고정날개 – 비행기
        - 육상기
        - 수상기
        - 수륙 양용기
      - 회전날개
        - 헬리콥터
        - 자이로플레인(오토자이로)
      - 고정날개 + 회전날개(복합 헬리콥터)

항공기의 발달사

그림 1-4 이카루스 신화

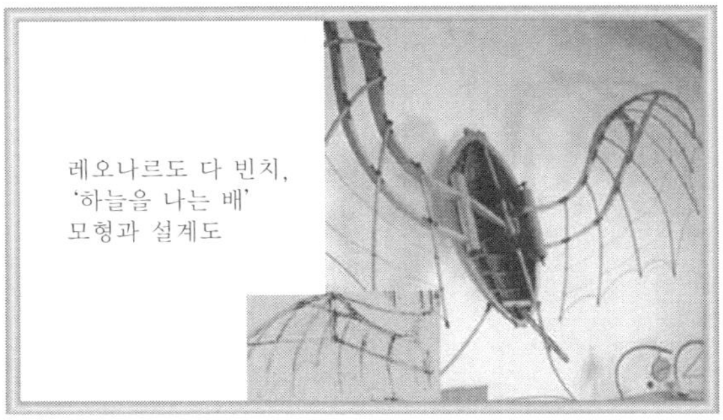

그림 1-5 Leonardo da vinci의 비행기

그림 1-6 Montgolfiere 기구

그림 1-7 Langley의 Aerodome

그림 1-8 Wright 형제의 Wright Flyer 1호

그림 1-9 Bleriot의 도버 해협 횡단

그림 1-10 Junkers J1

그림 1-11 Curtiss JN-4 훈련기

그림 1-4 • BC ~ AD 1485

• 신화 속에서 하늘을 난 최초의 인간 이카루스 등장

그림 1-5 • AD 1485

• 이탈리아의 Leonardo da vinci가 사람이 타고 하늘을 나는 기계를 설계

그림 1-6 • 1783

• 프랑스의 Montgolfiere 형제 열기구를 이용하여 고도 2,000m까지 상승 비행에 성공

그림 1-7 • 1887 ~ 1896

• 미국의 Langley 고무동력 모형비행기를 띄우는 데 성공

그림 1-8 • 1903

• 미국의 Wright 형제가 제작한 비행기 Wright Flyer 1호로 최초의 비행 성공(속도 48km/h)

그림 1-9 • 1909

• 프랑스의 L. Bleriot 세계 최초로 도버 해협 횡단에 성공(38km, 32분)

그림 1-10 • 1915

• 독일의 세계 최초 전금속제 비행기 'Junkers J1' 첫 비행

그림 1-11 • 1916

• 미국의 'Curtiss JN-4' 훈련기 첫 비행

그림 1-12 Lindbergh의 Spirit of St. Louis호

그림 1-13 Boeing 247

그림 1-14 Douglas DC-1

그림 1-15 Macchi MC72

그림 1-16 Heinkel He 178

그림 1-17 Gloster E28/39

그림 1-18 Messerschmitt Me 262

그림 1-19 Bell X-1 로켓추진 항공기

그림 1-12 • 1927

• 미국의 C.A. Lindbergh Spirit of St. Louis호로 뉴욕-파리간 단독 무착륙 비행 성공 (5,809km, 33시간 39분)

그림 1-13 • 1933

• 전금속제 비행기이며, 근대적 쌍발 여객기인 미국의 'Boeing 247'

그림 1-14 • 1933

• 'Douglas DC-1' 첫 비행에 성공

그림 1-15 • 1934

• 이탈리아의 'Macchi Castoldi MC72' 수상기로 711.462km/h 속도 기록 달성

그림 1-16 • 1939

• 독일에서 세계 최초의 터보제트기 'Heinkel He 178' 첫 비행에 성공

그림 1-17 • 1941

• 영국 최초 제트기 'Gloster E28/39' 첫 비행에 성공

그림 1-18 • 1942

• 세계 최초 제트전투기 독일의 'Me 262' 첫 비행 성공

그림 1-19 • 1947

• Chuck Yeager 세계 최초로 음속 돌파비행 성공(Bell X-1 로켓추진 항공기)

그림 1-20 DH106 Comet

그림 1-21 Convair XFY-1

그림 1-22 Fokker F27

그림 1-23 Boeing 707

그림 1-24 Boeing 727

그림 1-25 Boeing 747

그림 1-26 DC-10

그림 1-27 L-1011 Tristar

그림 1-20 • 1949

• 세계 최초 제트엔진 여객기 de Havilland 'DH106 Comet' 첫 비행

그림 1-21 • 1954

• 세계 최초의 수직이착륙(VTOL)기 'Convair XFY-1' 수직 이착륙 성공

그림 1-22 • 1955

• 'DC-3'와의 대체를 겨냥한 네덜란드의 터보 프롭 여객기 'Fokker F27' 첫 비행

그림 1-23 • 1957

• 터보제트 엔진의 본격적 대형 여객기인 미국의 'Boeing 707' 첫 비행 실시 현대 항공 수송의 기초가 됨

그림 1-24 • 1963

• 제트여객기의 베스트셀러인 3발 여객기 'Boeing 727' 첫 비행

그림 1-25 • 1969

• 미국의 초대형 제트여객기 'Boeing 747' 첫 비행

그림 1-26 • 1970

• Douglas 'DC-10' 첫 비행

그림 1-27 • 1970

• Lockheed 'L-1011 Tristar' 첫 비행

그림 1-28 Boeing F-15 'Eagle'

그림 1-29 Lockheed Martin F-16 'Fighting Falcon'

그림 1-30 Sukhoi Su-27 'Flanker'

그림 1-31 Eurofighter 'Typhoon'

그림 1-32 Lockheed Martin F-22 'Raptor'

그림 1-33 KAI T-50 'Golden Eagle'

Memo

그림 1-28 • 1972

• 미국의 제공전투기 'F-15' 첫 비행

그림 1-29 • 1974

• 세계적인 베스트셀러 전투기 'F-16'의 시제기 YF-16의 첫 비행 성공

그림 1-30 • 1981

• 러시아 Sukhoi 'Su-27' 양산기 첫 비행 성공

그림 1-31 • 1983

• 유럽 공동전투기 계획 Eurofighter 개발 시작

그림 1-32 • 1990

• 스텔스 전투기 F-22의 시제기 YF-22 첫 비행 성공

그림 1-33 • 2002

• 한국의 KAI T-50 고등훈련기 첫 비행
• KAI T-50 초음속 돌파비행 성공

Memo

우주 개발사

그림 1-34 신기전(神機箭)

그림 1-35 Goddard 박사의 로켓

그림 1-36 로켓의 선구자 von Braun

그림 1-37 V-2 로켓

그림 1-38 Sputnik 1호

그림 1-34 • 1448

- 조선, '신기전(神機箭)'이라는 로켓 화살 개발

그림 1-35 • 1926

- 세계 최초의 액체 연료 로켓 발사실험 성공 (고도 12m, 3초 미만)

그림 1-36 • 1934

- 독일의 von Braun, 도달 고도 2,000m의 'A-2' 로켓 개발

그림 1-37 • 1942

- 독일, 대형로켓 'A-4' 시험 발사 성공 (훗날 V-2로 명명)
- 독일, 'V-2' 완성. 런던 폭격에 사용

그림 1-38 • 1957

- 구 소련, 인류 최초의 인공위성 'Sputnik 1호' 발사 성공

그림 1-39 Vostok 1호

그림 1-40 Apollo 11호

그림 1-41 우주왕복선 Columbia호

그림 1-42 우주정거장 Mir

그림 1-43 우리별 1호

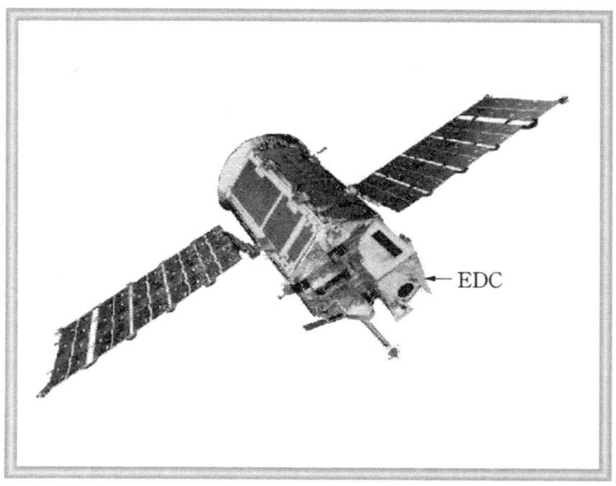

그림 1-44 아리랑 1호

그림 1-39 • 1961

• 구 소련, 최초의 유인 인공위성 'Vostok 1호' 발사 성공

그림 1-40 • 1969

• 미국, 'Apollo 11호' 달 착륙

그림 1-41 • 1981

• 미국, 최초의 우주왕복선 Columbia호 발사

그림 1-42 • 1986

• 구소련, 우주정거장 'Mir' 발사

그림 1-43 • 1992

• 한국, 과학위성 우리별 1호(KITSAT-1) 발사

그림 1-44 • 1999

• 한국, 다목적 실용위성 아리랑 1호 (KOMPSAT-1) 발사

유명한 비행기록

1

2
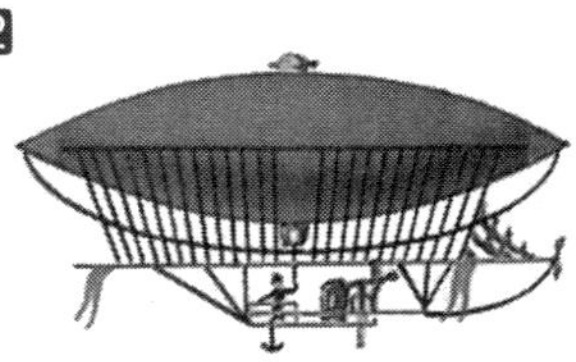

3

4
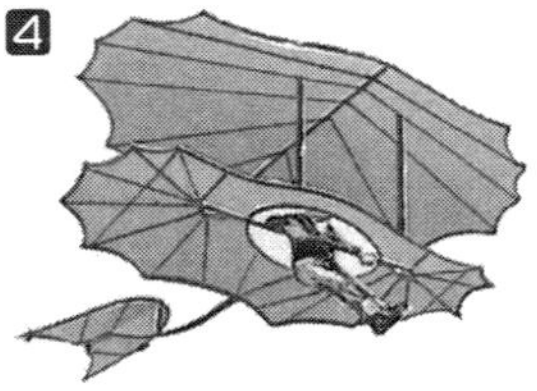

5

6
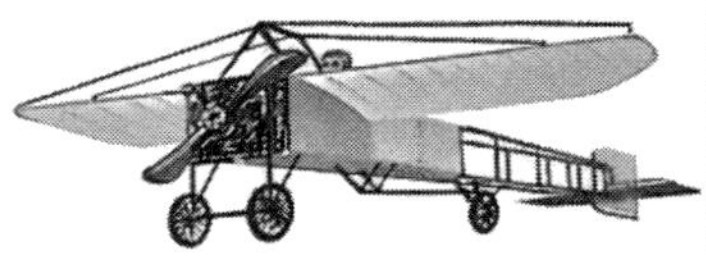

7
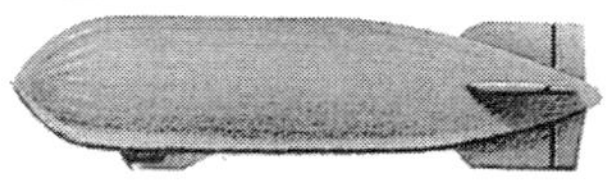

8

9

10

11

12
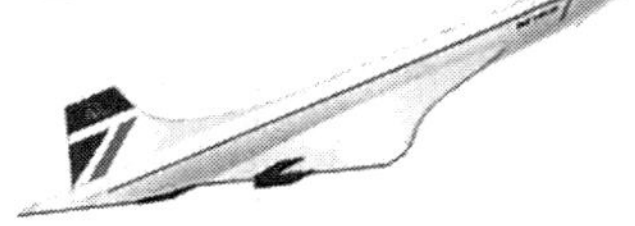

13
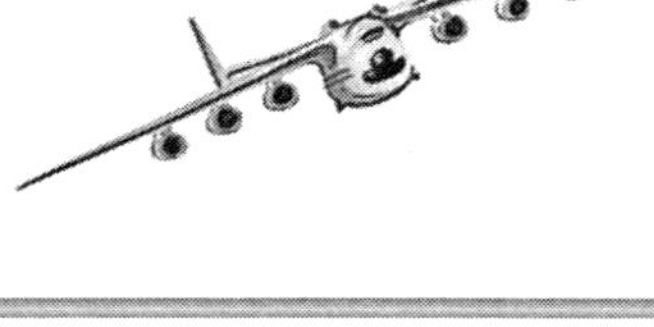

14

15

1 1783년 프랑스에서는 조셉과 에티엔느 몽골피에 형제가 최초의 열기구를 타고 이륙했다. 1797년에 역시 프랑스 사람인 앙드레 자크 가르네랭이 처음으로 낙하산을 타고 안전하게 착륙했다.

2 1852년 최초의 증기식 비행선이 프랑스의 기술자 앙리 지파르에 의해 하늘을 날았다.

3 1853년 비행 역사의 개척자인 영국의 조지 케일리 경은 사람이 타고 날 수 있는 단엽 글라이더를 제작하여 비행에 성공했다.

4 1890년 독일의 기술자인 오토 릴리엔탈은 행글라이더를 타고 날았다.

5 1903년 12월 17일에 노스캐롤라이나에서 처음으로 동력비행의 시대가 열렸다. '플라이어' 라고 불린 이 비행기는 오빌 라이트와 윌버 라이트 형제가 만들었다.

6 1909년 프랑스 비행사 루이 블레리오는 최초로 영국-프랑스 간 해협을 비행기로 건넜다.

7 1910년 최초의 상업비행이 페르디난도 제펠린 남작의 비행선을 사용하여 시작되었다.

8 1919년 6월 14일과 15일에 걸쳐 존 알콕과 아더 휘튼 브라운 등 2명의 영국인이 대서양을 논스톱으로 비행했다.

9 1927년 5월 미국 비행사 찰스 린드버그는 세계 최초로 대서양 횡단 비행에 성공했다.
1936년 6월 독일에서는 최초의 실용 헬리콥터인 로터 2개짜리 포크-아치첼리스 Fa61호가 독일에서 비행에 성공했다.
1939년 독일의 하인켈사에 의해 최초의 제트추진 비행기 He 178이 비행에 성공했다. 이 비행기는 소형으로 1인승이다.

10 1947년 척 예거는 로켓 추진기로 음속의 1.015배로 비행했다. 이 비행은 수평상태에서 돌파한 최초의 기록이다.

11 1952년 5월 4발 제트기 드하빌랜드 코메트는 최초로 승객을 실어나르는 제트 여객기가 되었다.
1953년 5월 미국인 비행사 재키 코크란은 최초로 음속을 돌파한 여성이 되었다.

12 1969년 3월 2일 영국-프랑스 합작인 콩코드가 처녀비행에 성공했다.

13 세계에서 가장 무거운 비행기는 러시아의 안토노프 225로 6개의 터보팬 엔진을 달았고 무게가 508톤이나 된다.

14 세계에서 가장 큰 상업용 여객기는 현재 에어버스 A380으로 73m 길이의 동체에 555명의 승객을 수송할 수 있다. 전체를 이코노미석으로 하면 최대 840명까지 태울 수가 있다.

15 가장 빠른 로켓 추진 비행기인 X-15는 속도가 마하 6.72(시속 7,297km)이다.

2 비행원리

airfoil의 모양

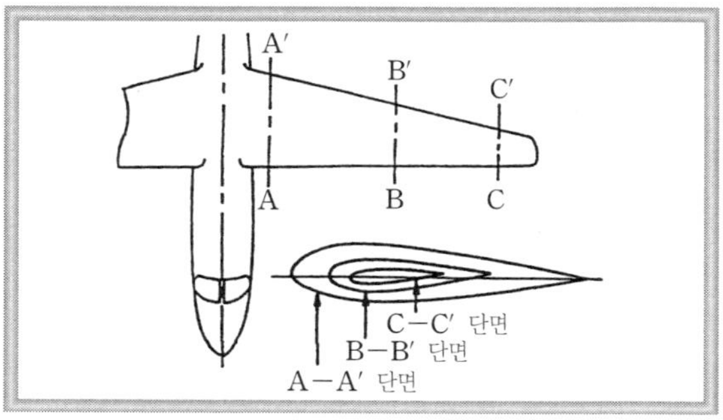

그림 2-1 airfoil과 wing

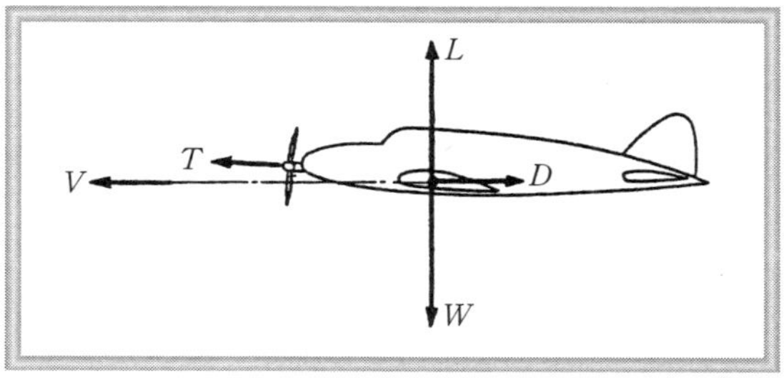

그림 2-2 비행중에 작용하는 힘

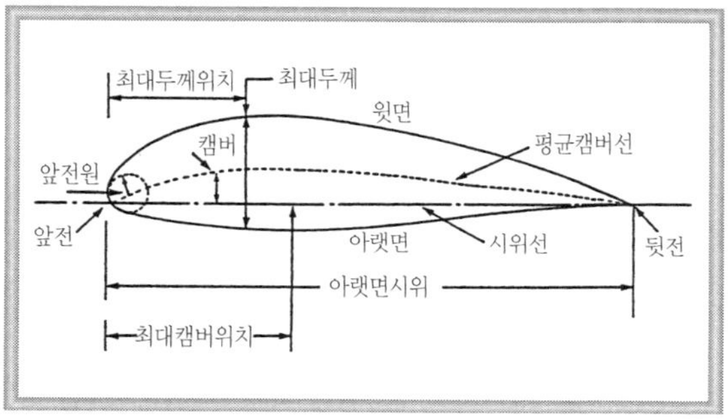

그림 2-3 airfoil의 명칭

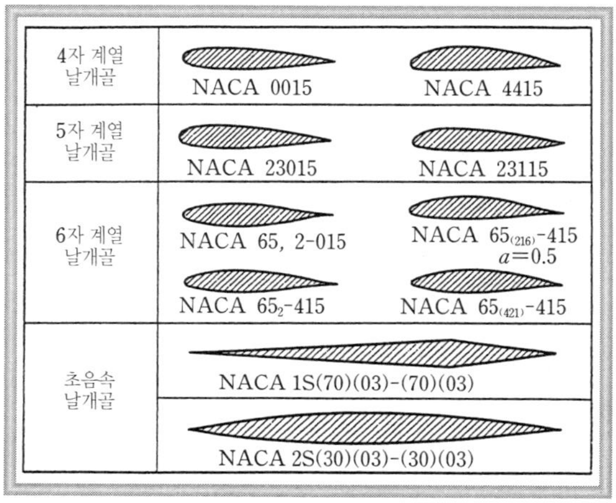

그림 2-4 NACA airfoil

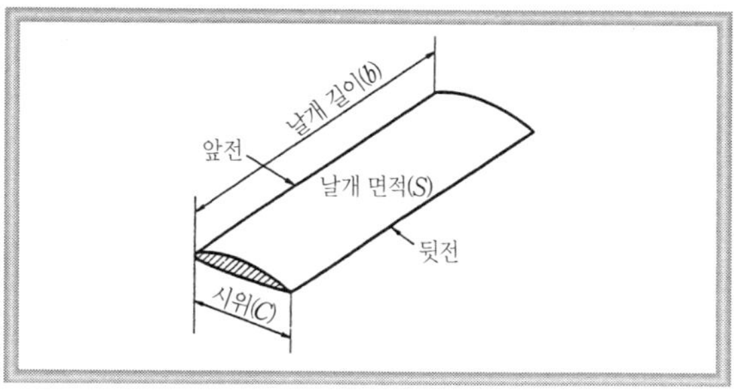

그림 2-5 날개의 명칭

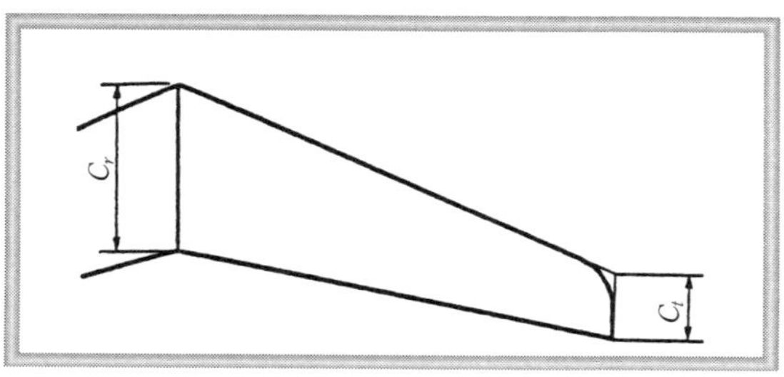

그림 2-6 테이퍼비($\lambda = C_t / C_r$)

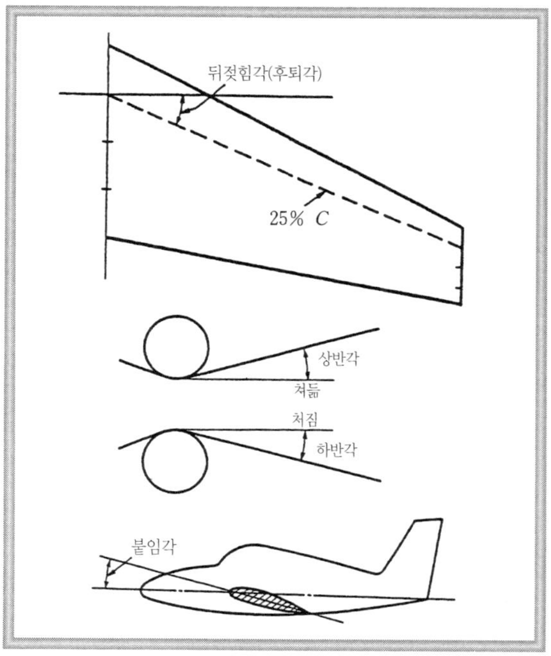

그림 2-7 후퇴각, 쳐든각 · 처진각, 붙임각

그림 2-1 • airfoil과 wing

- airfoil : 날개의 단면, 날개골
- wing : 날개
  양력을 발생하여 비행기를 뜨게 함

그림 2-2 • 비행중에 작용하는 힘

- L : 양력(Lift)
- D : 항력(Drag)
- T : 추력(Thrust)
- W : 무게(Weight), 중력

그림 2-3 • airfoil의 명칭

- 시위선 : chord line
- 평균캠버선 : mean camber line
- 앞전원반경 : leading edge radius
- 캠버(camber) : 최대 캠버를 시위의 %로 표시
- 두께 : 최대 두께를 시위의 %로 표시

※ airfoil의 모양 :
① 대칭형
② camber형
③ 초임계 날개골 : 윗면이 평평함(천음속기), 부록 1 참고
④ 다이아몬드형(이중쐐기형) : 초음속기
⑤ 렌즈형(원호형) : 초음속기

그림 2-4 • NACA airfoil

- NACA : National Advisory Committee for Aeronautics(미항공 자문위원회)

※1958년에 미항공우주국 (NASA:National Aeronautics and Space Administration)으로 개편

- NACA airfoil 계열
  ① 4자 계열 : 중, 저속 propeller기, NACA 4412 등
  ② 5자 계열 : 고속 propeller기, NACA 23012 등
  ③ 6자 계열 : 고아음속, 천음속 jet기, NACA 65_3-218 등
  ④ 초음속 계열 : 초음속기, NACA 1S-(50)(03)-(50)(03)
- NACA 호칭법 : 부록 1 참고

그림 2-5 • 날개의 명칭

- 날개의 길이 : span
- 날개의 면적 : 투영면적
- 날개의 시위 : MAC(평균 공력 시위)

그림 2-6 • 테이퍼비($\lambda = C_t/C_r$)

- $\lambda = \dfrac{\text{날개 끝 시위}}{\text{날개 뿌리 시위}}$
- 삼각날개 : $\lambda=0$
- 직사각형날개 : $\lambda=1$

그림 2-7 • 후퇴각, 쳐든각 · 쳐진각, 붙임각

- 후퇴각 : 날개의 중심선에 수직선과 $\frac{1}{4}$시위를 잇는선 또는 앞전과 이루는 각
- 쳐든각 : 상반각(dihedral angle)
- 쳐진각 : 하반각(negative dihedral angle)
- 붙임각 : 비행기의 기축선과 날개의 시위선이 이루는 각

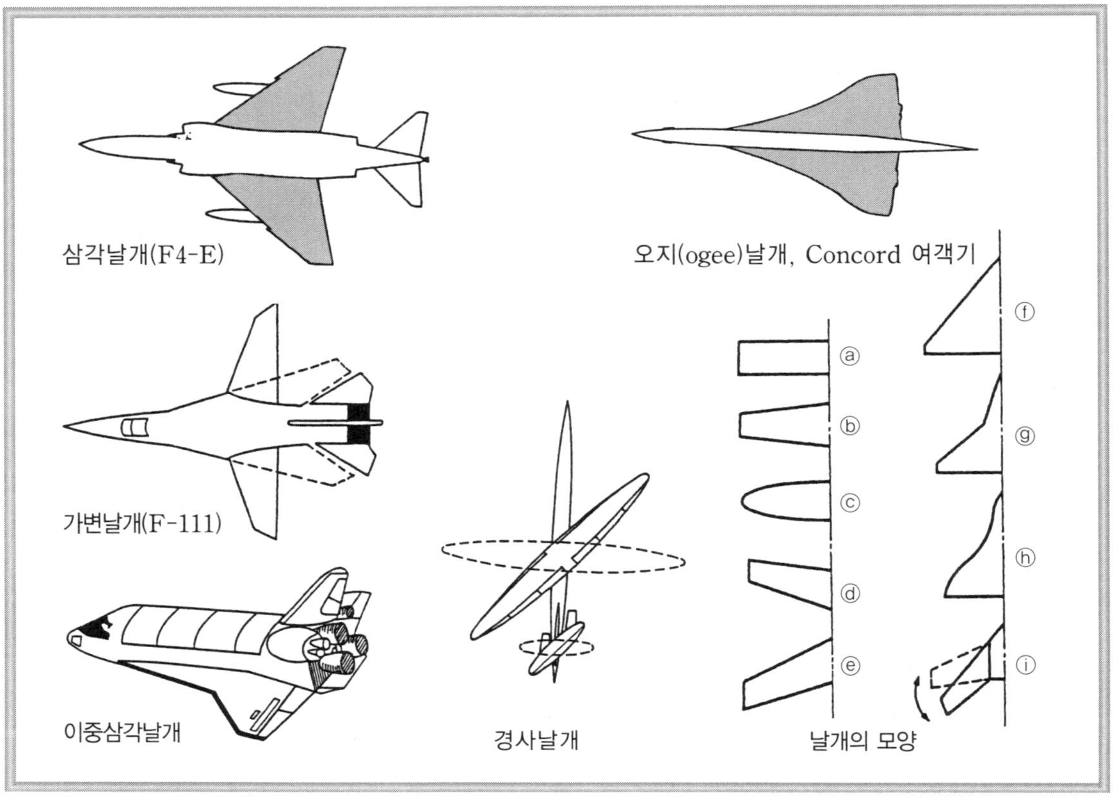

그림 2-8 **날개의 모양**

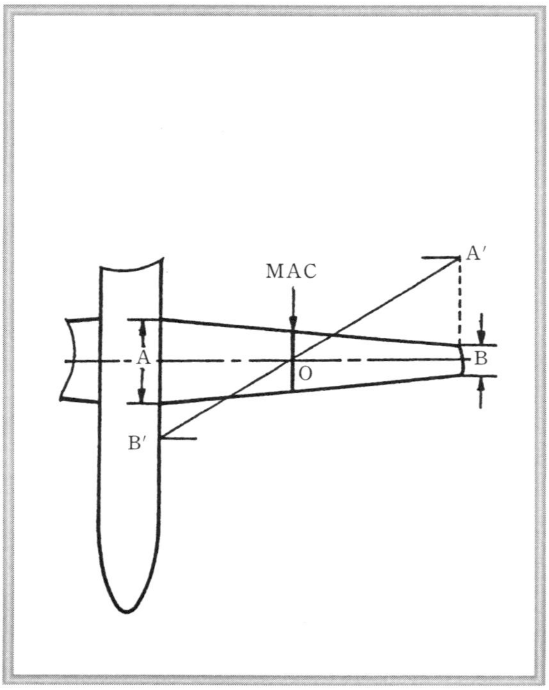

그림 2-9 **평균공력시위(MAC)**

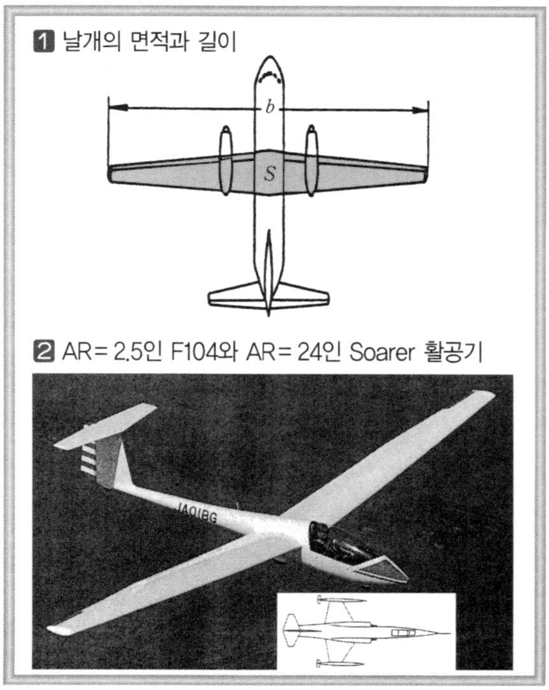

그림 2-10 **가로세로비(aspect ratio)**

그림 2-8 • 날개의 모양

ⓐ 직사각형날개(rectangular wing) ⓑ 테이퍼형날개(tapered wing) ⓒ 타원날개(elliptical wing)	아음속(저속, 중속) 비행기의 날개
ⓓ 전진날개(swept forward wing) ⓔ 후퇴날개(swept back wing) ⓕ 삼각날개(delta wing) ⓖ 이중삼각날개(double delta wing) ⓗ 반곡선날개(ogee wing) ⓘ 가변날개(variable wing)	고속, 초음속 비행기의 날개

그림 2-9 • 평균공력시위(MAC)

- MAC(Mean Aerodynamic Chord)
  ① 날개의 면적과 동일한 직사각형 날개의 시위
  ② 날개의 도심을 지나는 시위
  ③ $\text{MAC} = \dfrac{\text{날개 면적}(S)}{\text{날개의 길이}(b)}$

그림 2-10 • 가로세로비(aspect ratio)

- AR(aspect ratio)
  ① $\text{AR} = \dfrac{\text{날개 길이}(b)}{\text{날개의 } MAC}$
  ② $\text{AR} = \dfrac{b}{\bar{c}} = \dfrac{b \times b}{\bar{c} \times b} = \dfrac{b^2}{S}$

  b : span
  $\bar{c}$: MAC
  S : 날개 면적

- 비행기별 가로세로비

F-15	: 2.88	F-16	: 3.0
F-4	: 2.82	F104	: 2.45
MIG21	: 2.2	FA-200	: 6.3
B747	: 6.9		

※ 초음속전투기 : 2.2～5
여객기 : 6～8
Glider : 20～30

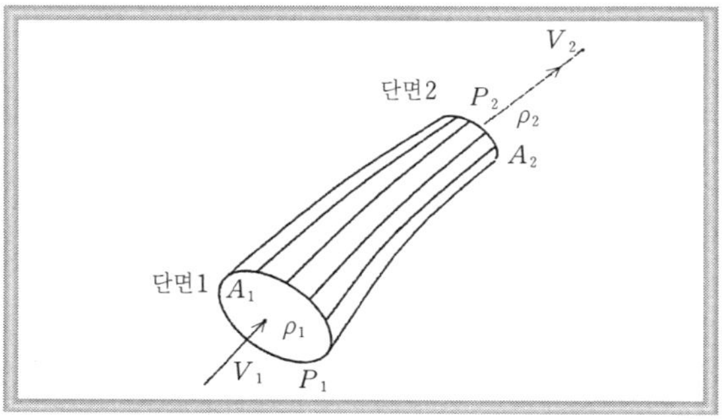

그림 2-11 **유관속에서의 흐름**

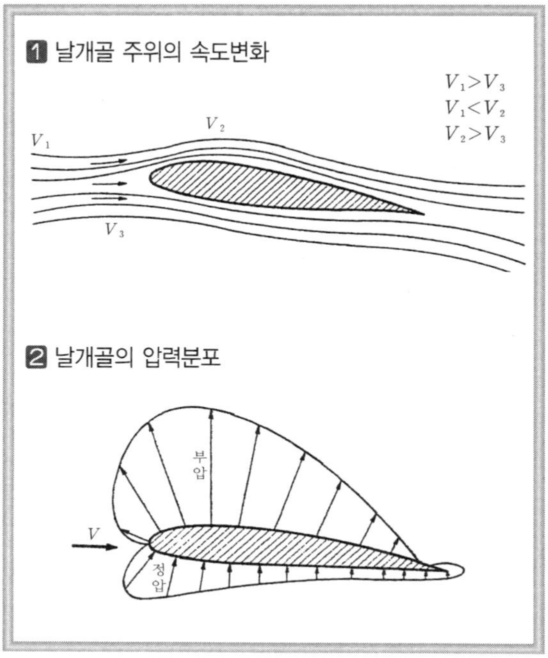

그림 2-12 **공기력의 발생**

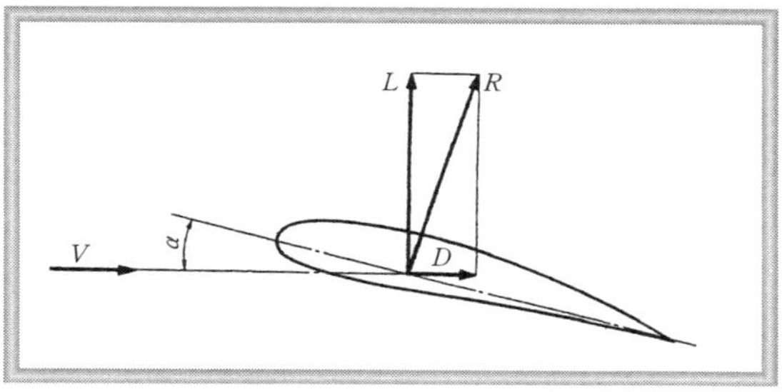

그림 2-13 **받음각과 공기력(양력과 항력)**

그림 2-15 **실속시의 공기흐름**

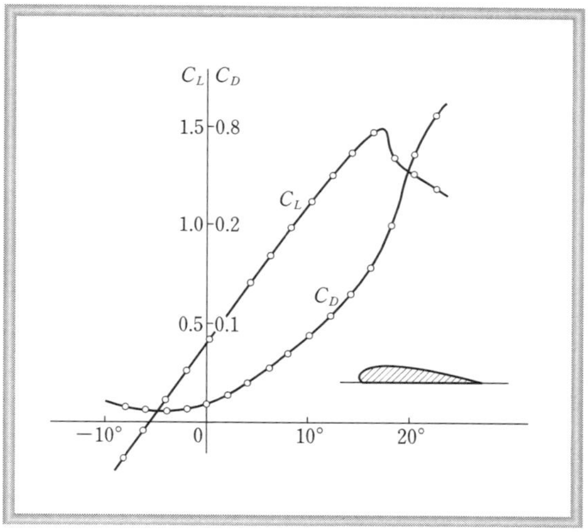

그림 2-14 **날개골의 양항특성(Clark Y airfoil)**

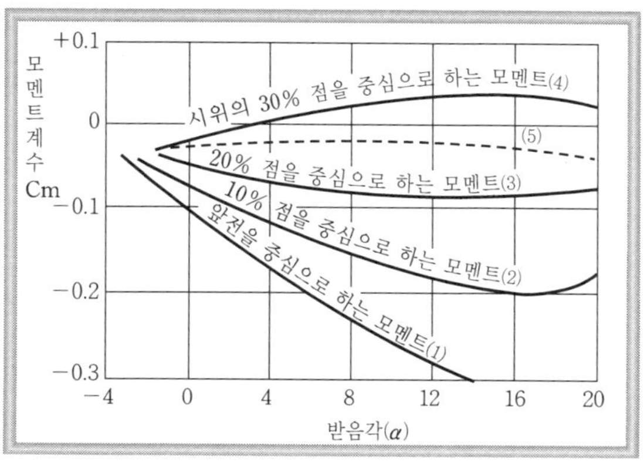

그림 2-16 **받음각에 대한 모멘트 계수**

그림 2-11 • 유관속에서의 흐름

• 유체의 기본방정식
① 연속의 방정식 : $\rho_1 A_1 V_1 = \rho_2 A_2 V_2$
② 베르누이 방정식 : $P_1 + \frac{1}{2}\rho V_1^2 = P_2 + \frac{1}{2}\rho V_2^2 =$ 일정

그림 2-12 • 공기력(양력과 항력)의 발생

1 날개골 주위의 속도변화 :
① 날개 윗면은 밑면보다 속도가 빠름($V_2 > V_3$)
② 날개 윗면의 속도는 자유흐름속도보다 빠름($V_1 < V_2$)
③ 날개 밑면의 속도는 자유흐름속도보다 느림($V_1 > V_3$)

2 날개골의 압력분포 :
① 압력계수 : $C_P = \dfrac{P - P_\infty}{\frac{1}{2}\rho V_\infty^2} = 1 - \left(\dfrac{V}{V_\infty}\right)^2$
② 날개 윗면은 부압($C_P < 0$)
③ 날개 밑면은 정압($C_P > 0$)

※ 날개 윗면에는 부압(−)이, 밑면에는 정압(+)이 작용하여 날개에 양력과 항력이 발생

그림 2-13 • 받음각 및 공기력

• 받음각(AOA, Angle of Attack) : 진행방향과 시위선이 이루는 각
• 진행방향과 수직인 성분 : 양력(L)
진행방향과 평행인 성분 : 항력(D)

그림 2-14 • 날개골의 양항특성

• 양력계수 : $C_L = \dfrac{L}{\frac{1}{2}\rho V^2 S}$
• 항력계수 : $C_D = \dfrac{D}{\frac{1}{2}\rho V^2 S}$
• 실속각과 영양력 받음각

그림 2-15 • 실속시 공기흐름

• 실속 받음각에서 날개 윗면에 흐름의 떨어짐 발생
• 급격한 양력 감소

그림 2-16 • 받음각에 대한 모멘트 계수

• 공력중심(a.c:aerodynamic center) : 받음각이 변해도 모멘트 계수값이 일정한 점(5)
아음속 : 시위의 $\frac{1}{4}$, 초음속 : 시위의 $\frac{1}{2}$
• 압력중심(c.p : center of pressure) : 압력의 작용점($\sum M = 0$인 점), α에 따라 변함

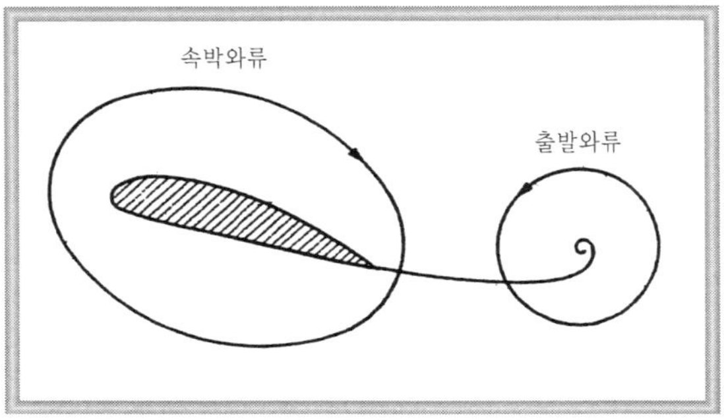

그림 2-17 **날개주위의 순환**

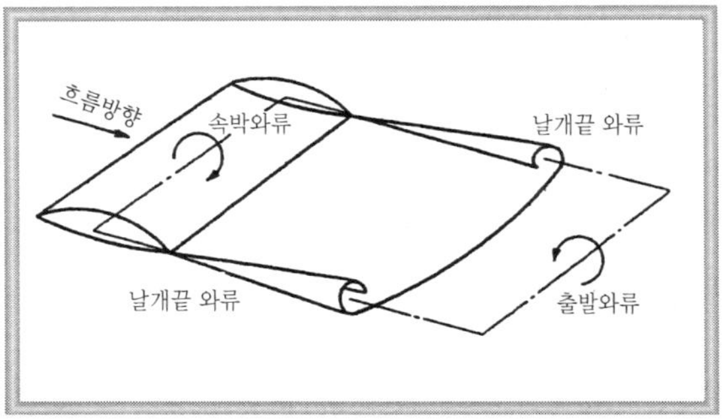

그림 2-18 **날개에 의해 발생하는 와류**

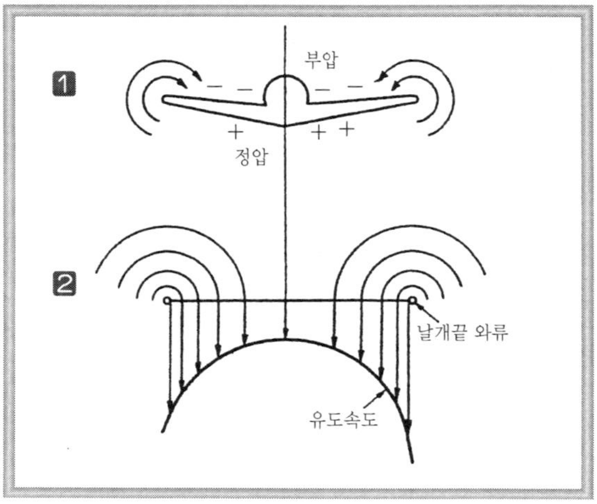

그림 2-19 **날개끝 와류와 유도속도**

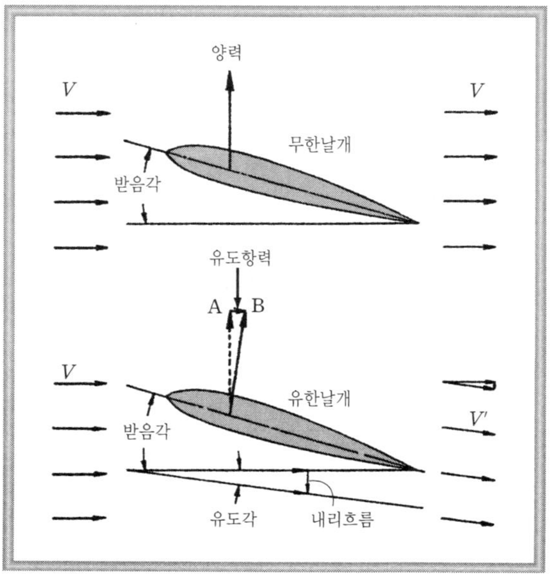

그림 2-20 **유도항력**

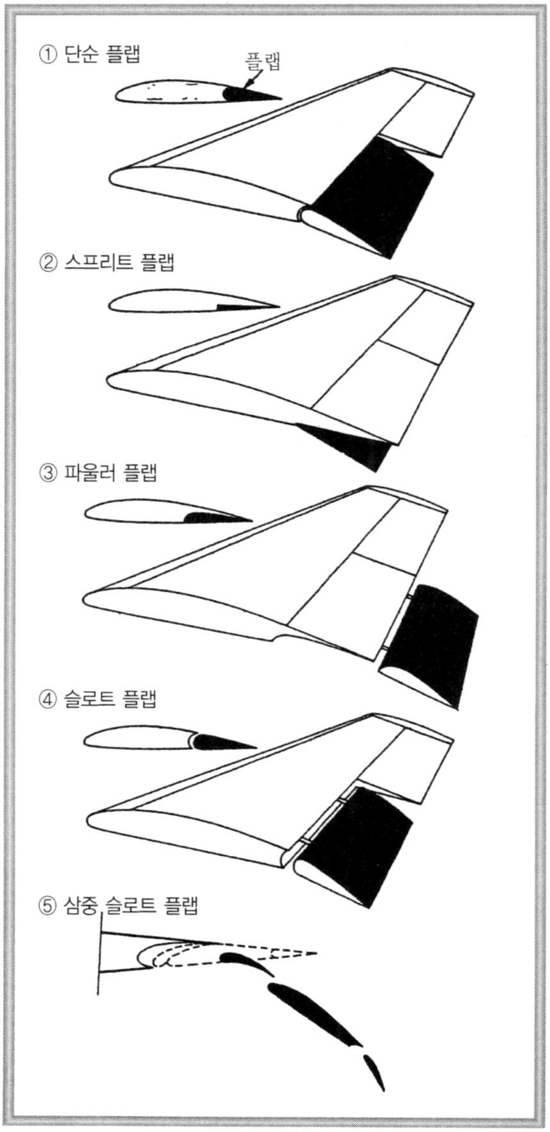

그림 2-21 **플랩의 종류**

그림 2-17 • 날개주위의 순환

- 출발와류(starting vortex)
- 속박와류(bound vortex) : 양력발생
- 날개끝 와류(tip vortex) 또는 trailing vortex : 유도항력발생

그림 2-18 • 날개에 의해 발생하는 와류

- 유한날개에서는 날개끝 와류, 출발와류, 속박와류가 폐곡선을 이룸
- 출발와류는 초기에만 발생하고 비행중에는 속박와류, 날개끝 와류(trailing vortex 라고도 함)가 생기고 이를 말굽형와류(horse shoe vortex)라 함

그림 2-19 • 날개끝 와류와 유도속도

1 날개끝 와류(tip vortex) :
날개 윗면은 부압($C_P<0$), 밑면은 정압($C_P>0$)이 형성되어 날개끝에서 와류 발생

2 유도속도(induced velocity) :
날개끝 와류에 의해 날개 밑면으로 유도되는 속도(down wash:내리흐름이라고도 함)

그림 2-20 • 유도항력

- 무한날개(날개골)에서는 날개끝 와류가 없으므로 내리흐름이 없음
- 유한날개에서는 날개끝 와류로 인한 내리흐름의 유도속도 때문에 무한 날개에서의 양력(A)이 뒤로 기울어져 양력(B)로 변화됨으로 인하여 유도항력이 발생

그림 2-21 • 플랩의 종류

- Flap : 날개의 캠버를 변화시켜 고양력을 얻는 장치
- 종류 :
  ① 단순 플랩(plain flap)
  ② 스프리트 플랩(split flap)
  ③ 파울러 플랩(fowler flap)
  ④ 슬로트 플랩(slot flap)
  ⑤ 삼중 슬로트 플랩(triple slotted flap)

※ 기타 고양력 장치 :
① 앞전 플랩(leading edge flap)
② 크뤼거 플랩(krueger flap)
③ 가동 슬랫(movable slat)

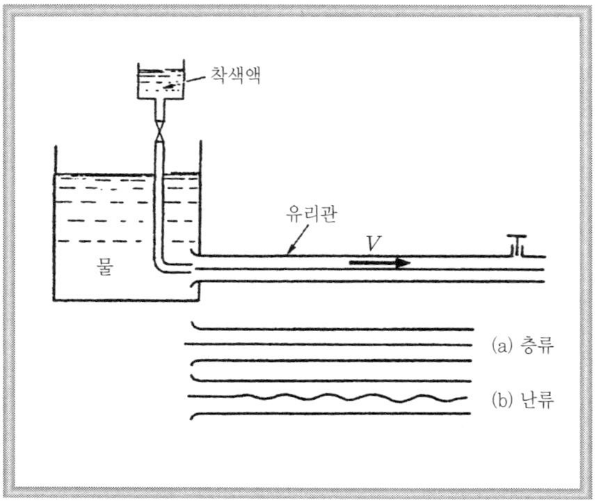

그림 2-22 레이놀즈의 실험장치

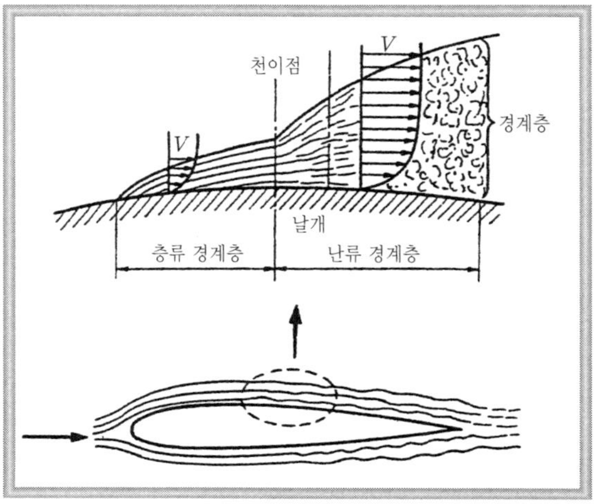

그림 2-23 날개 윗면의 경계층

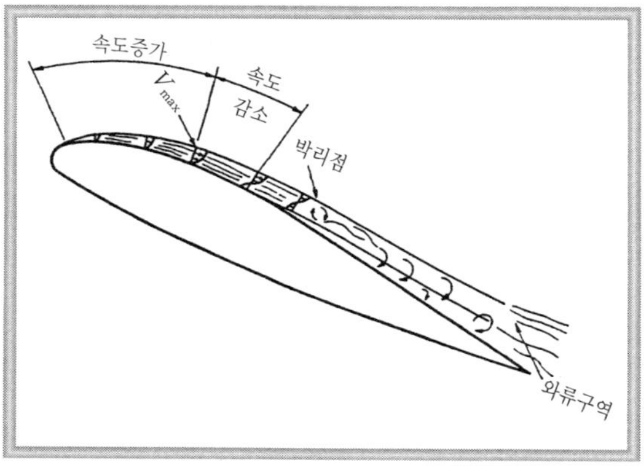

그림 2-24 날개 윗면에서 흐름의 떨어짐

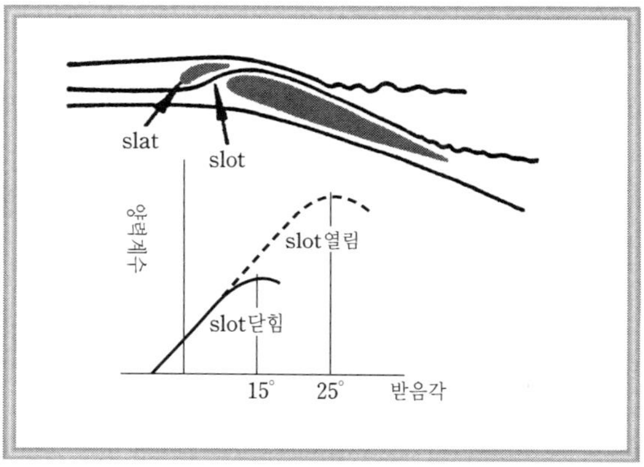

그림 2-25 슬롯(slot)과 슬랫(slat)

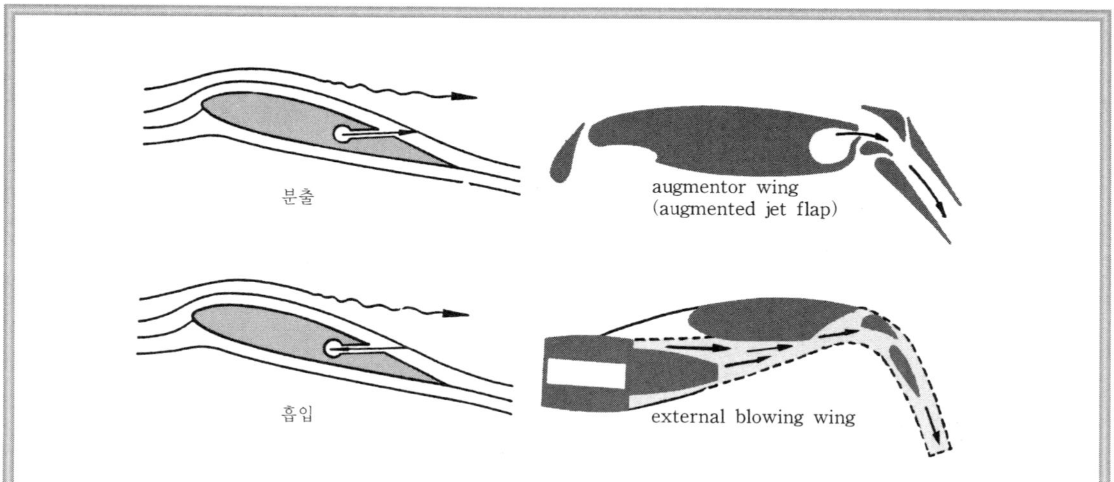

그림 2-26 경계층 제어장치

그림 2-22 • 레이놀즈의 실험장치

- 유체 : 이상유체와 점성유체로 구분
- 레이놀즈(Reynolds, 영국의 과학자) 수

$$Re=\frac{\rho Vl}{\mu}$$

- 임계 레이놀즈 수 : 층류에서 난류로 바뀌는 레이놀즈 수

ρ : 공기밀도　　　V : 유체의 흐름속도

l : 관의 직경(날개에서는 시위길이)

μ :점성계수

그림 2-23 • 날개 윗면의 경계층

- 날개 윗면의 흐름형태
  층류 → 천이 → 난류 → 박리(떨어짐)
- 경계층 : 점성이 작용하는 층
  ① 층류 경계층
  ② 난류 경계층

그림 2-24 • 날개 윗면에서 흐름의 떨어짐

- 날개 윗면에서의 속도변화 :
  속도증가 → 최대속도(최대두께에서 생김) → 속도감소 → 박리 → 와류
- 최대속도인 점에서 압력은 최소

그림 2-25 • 슬롯(slot)과 슬랫(slat)

- 날개 윗면에서 흐름의 박리를 지연시킴
- 실속각을 증가시키고 최대양력계수를 높임
- slot과 slat

그림 2-26 • 경계층 제어장치

- 경계층에 공기를 분출(blowing) 또는 흡입(suction)에 의하여 박리를 지연시키고, 실속각을 증가, 최대양력계수를 크게 함
- jet flap :
  날개 뒷전에서 압축공기를 분출, 고양력을 얻는 장치, augmentor wing이라고도 함
- external blowing wing :
  제트기관의 배기가스를 날개 뒷전(flap 사용시)으로 분출 고양력 얻음

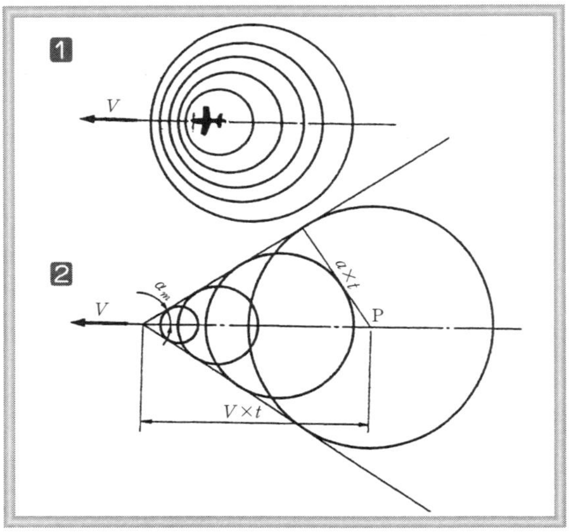

그림 2-27 아음속 및 초음속 비행체에 생기는 압력파

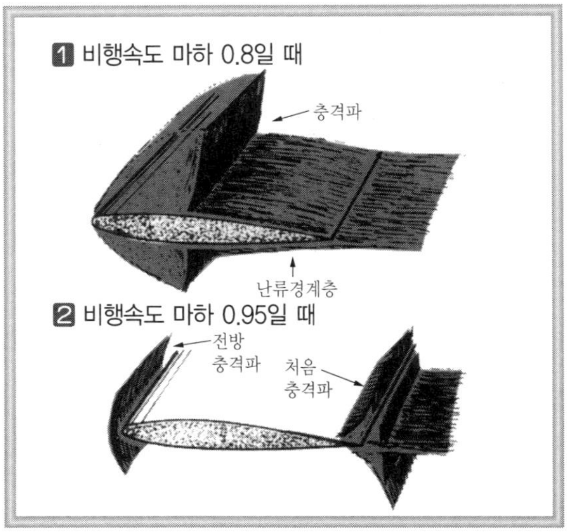

그림 2-28 충격파의 발생

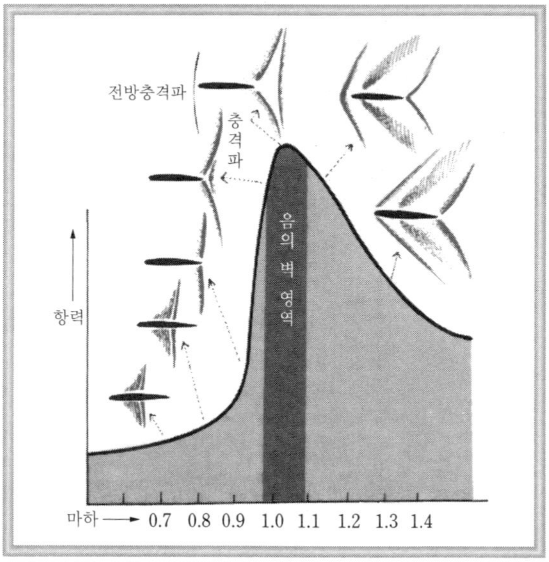

그림 2-29 Mach 수와 항력

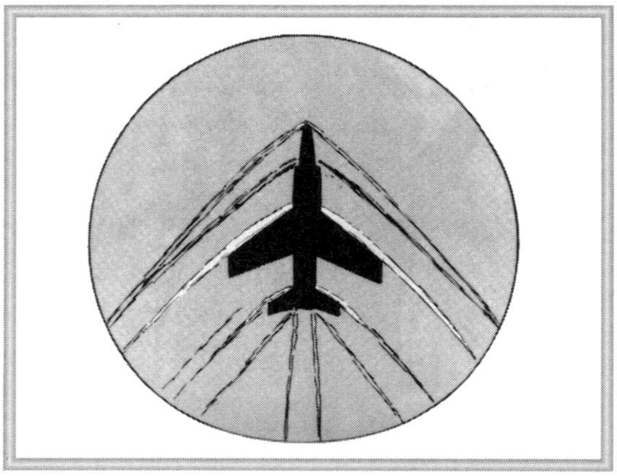

그림 2-30 M=1.4일 때 충격파

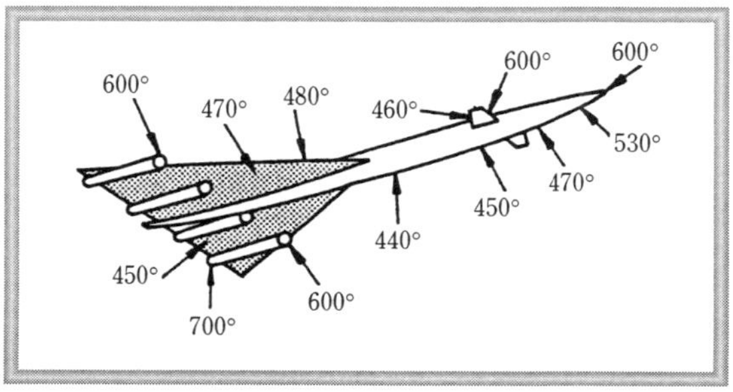

그림 2-31 M=3.0인 비행체 표면의 온도(°C)

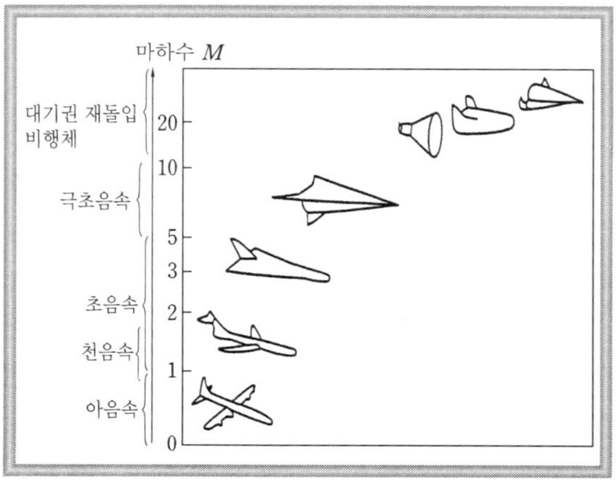

그림 2-32 비행체의 속도변천

그림 2-27 • 아음속 및 초음속 비행체에 생기는 압력파

- 압축성 흐름의 특성 :
  압력, 온도, 밀도가 Mach 수의 함수로 변함
- Mach 수 $= \dfrac{\text{흐름의 속도}}{\text{음속}}$
- 마하파각(Mach wave angle) : α_m
  $\alpha_m = \sin^{-1}\dfrac{1}{M}$

그림 2-28 • 충격파의 발생

- M=0.8일 때 : 날개윗면에 M=1.0이 될 때 비행기의 마하수를 '임계 Mach 수'라 하고 이때 수직충격파 발생
- M=0.95일때 : 최초의 충격파가 뒷전으로 이동하고 전방에 충격파 발생
- Mach wave : 압력, 밀도의 변화가 연속적임
- Shock wave : 압력, 밀도의 변화가 불연속적으로 급격히 증가

그림 2-29 • Mach 수와 항력

- 임계 마하수(critical M.N)가 되면 날개 윗면에 수직충격파 발생 → 항력증가 시작
- 비행체의 속도가 M=1이 되면 앞전에 전면 수직충격파가 생겨 항력이 최대로 증가 (음의벽 현상)
- 비행체 속도가 초음속이 되면 날개 윗면 전체가 초음속으로 안정되어 항력감소

그림 2-30 • M=1.4일 때 충격파

- 비행기의 앞면과 뒷면에 마하파 형성
- 주날개와 꼬리날개 앞전에 수직충격파(흰색부분)가 발생하나 전체적으로 안정된 흐름이 형성되어 항력은 감소

그림 2-31 • M=3.0인 비행체 표면의 온도(°C)

- 정체점의 온도 : 600℃
- 날개 앞전 : 480℃
- 기타 부분 : 440~530℃
- 엔진 꼬리부분 : 700℃

그림 2-32 • 비행체의 속도변천

- 아음속기(propeller기) : M=0~0.9
- 천음속기(jet 여객기) : M=0.8~0.95
- 초음속기(concord 등) : M=1.2~3.5
- 극초음속기 : M=5~10
- 대기권 재돌입 비행체 : M>10

3 비행성능, 안정성 및 조종성

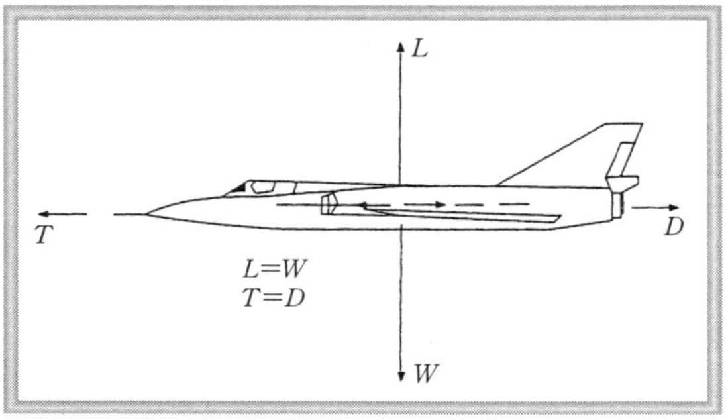

그림 3-1 수평등속비행시 힘의 평형

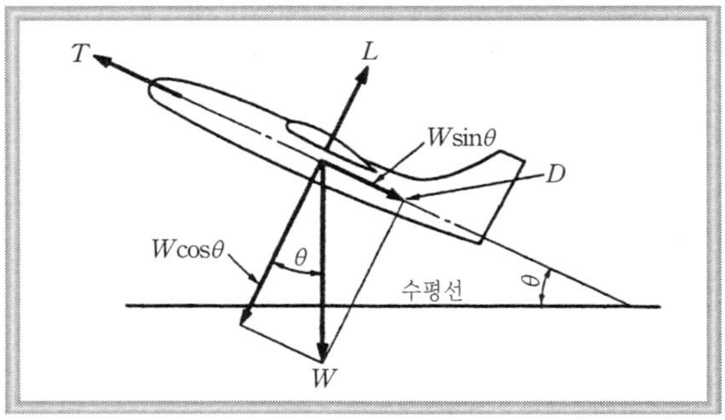

그림 3-2 상승비행시 힘의 작용

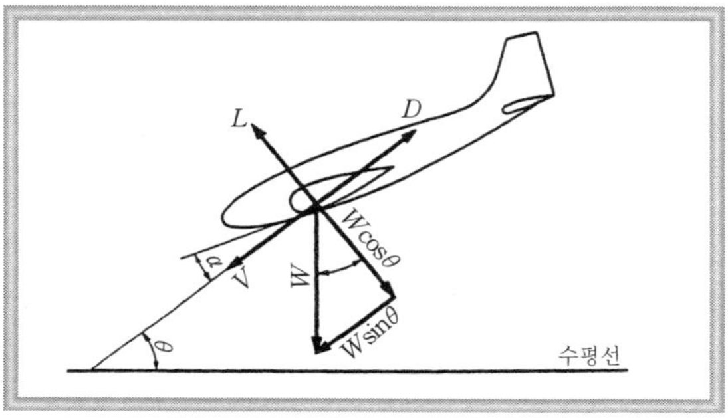

그림 3-3 활공비행시 힘의 작용

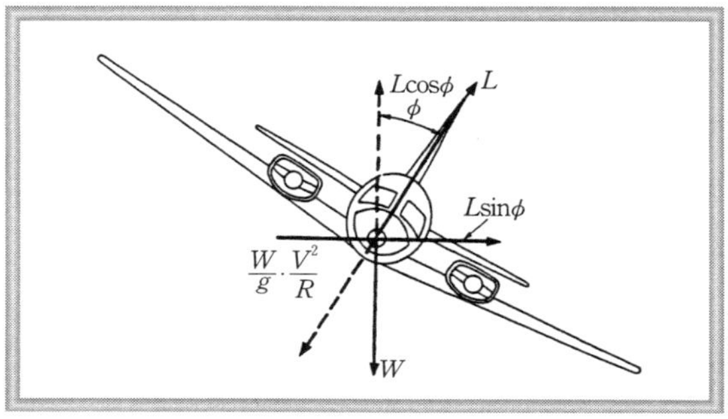

그림 3-4 선회비행시 작용하는 힘

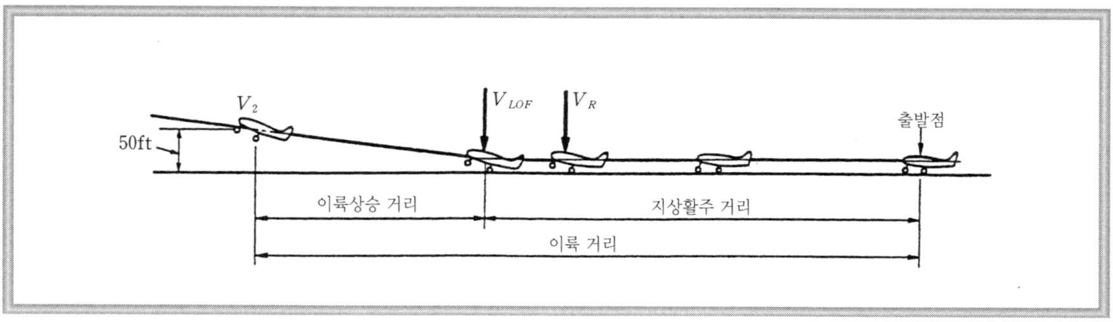

그림 3-5 비행기의 이륙과정

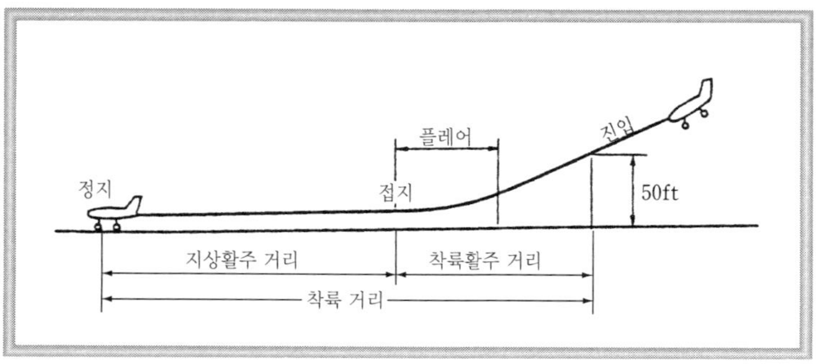

그림 3-6 비행기의 착륙과정

그림 3-1 • 수평등속비행시 힘의 평형

- 수평비행 : $W=L$

$$W=C_L\frac{1}{2}\rho V^2S,\ V=\sqrt{\frac{2W}{\rho C_L S}}$$

- 등속도비행 : $T=D$

$$\frac{TV}{75}=\frac{DV}{75},\ T=\frac{W}{\left(\frac{C_L}{C_D}\right)}$$

이용마력(P_a) = 필요마력(P_r)

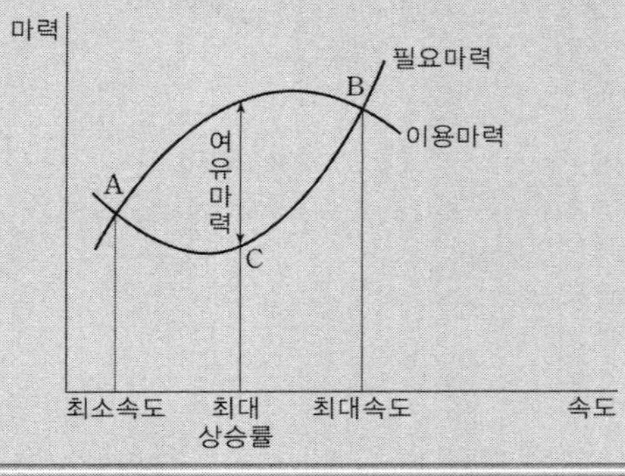

그림 3-2 • 상승비행시 힘의 작용

- $T=D+W\sin\theta$

$$\frac{TV}{75}=\frac{DV}{75}+\frac{W}{75}V\sin\theta$$

$$P_a=P_r+\frac{W}{75}\cdot(\text{상승률})$$

$$\text{상승률}: R.C=\frac{(P_a-P_r)\times 75}{W}$$

- 상승고도(ceiling)
  ① 절대 상승고도(absolute ceiling) :
  $R.C=0$인 고도
  ② 실용 상승고도(service ceiling) :
  $R.C=100\text{ft/min}$인 고도
  ③ 운용 상승고도(operating ceiling) :
  $R.C=500\text{ft/min}$인 고도

그림 3-3 • 활공비행시 힘의 작용

- 정상 활공비행 조건 :

$$\left.\begin{matrix} W\sin\theta=D \\ W\cos\theta=L \end{matrix}\right]\tan\theta=\frac{1}{\frac{L}{D}}=\frac{1}{\text{양항비}}$$

- 최대 활공거리 조건 : 양항비($\frac{L}{D}$)가 최대

그림 3-4 • 선회비행시 작용하는 힘

- 정상선회 조건 :

$$\left.\begin{matrix} L\sin\phi=\frac{W}{g}\cdot\frac{V^2}{R}(\text{원심력}) \\ L\cos\phi=W \end{matrix}\right]\tan\phi=\frac{\text{원심력}}{W}$$

즉, $\tan\phi=\frac{V^2}{gR}$ $\quad R=$선회반경

- 하중배수$(n)=\frac{L}{W}$

수평비행시 : $n=1$, 선회비행시 : $n=\frac{1}{\cos\phi}$

그림 3-5 • 비행기의 이륙과정(여객기)

- V_R : 회전속도(rotation speed),
  V_{LOF} : 부양속도(lift off speed)
  V_2 : 안전이륙속도($=1.2V_S$),
  V_1 : 이륙단념속도(refusal speed)
- 장애물 고도 : propeller기는 50ft, 제트 여객기는 35ft

그림 3-6 • 비행기의 착륙과정

- 진입 → 플레어 조작 → 접지 → 정지
- 착륙거리 단축장치 : 고양력장치(flap), 고항력장치(spoiler, 저지낙하산), 역추력장치

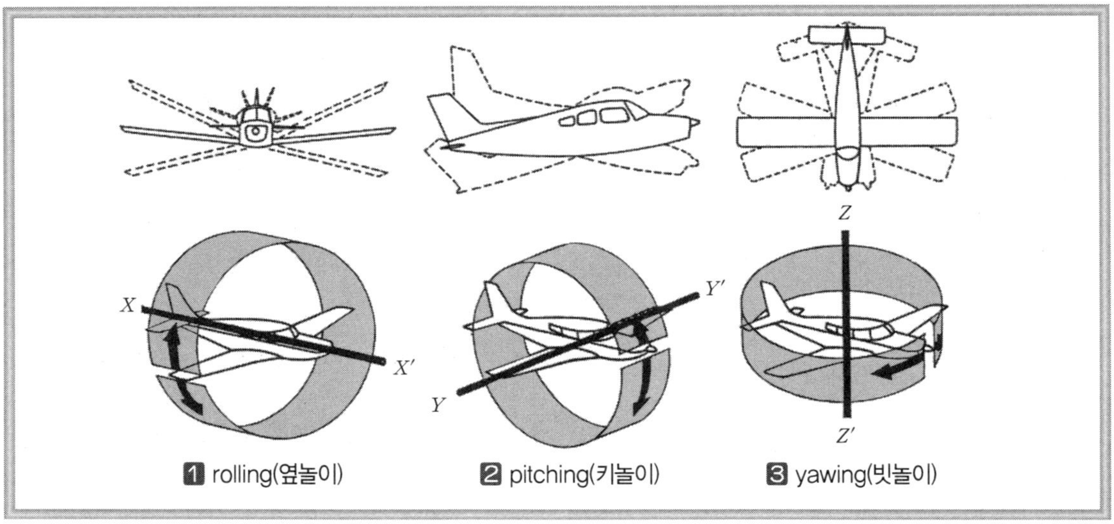

그림 3-7 비행기의 3축과 운동

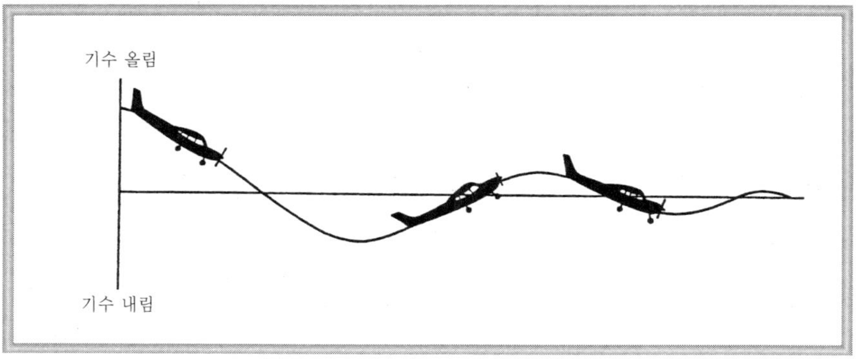

그림 3-8 안정성(정적 및 동적 안정)이 있는 비행기

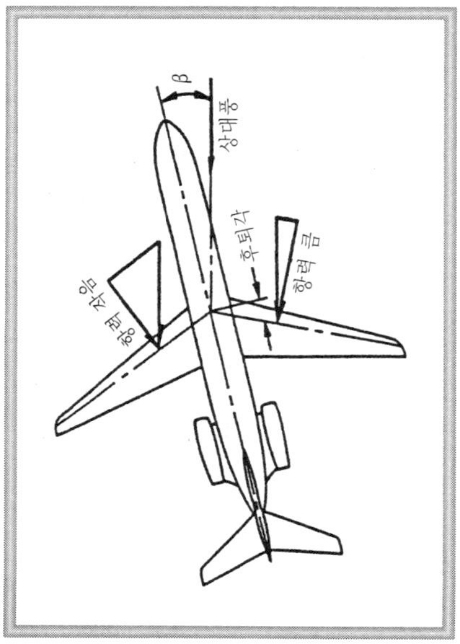

그림 3-9 후퇴각의 방향안정성

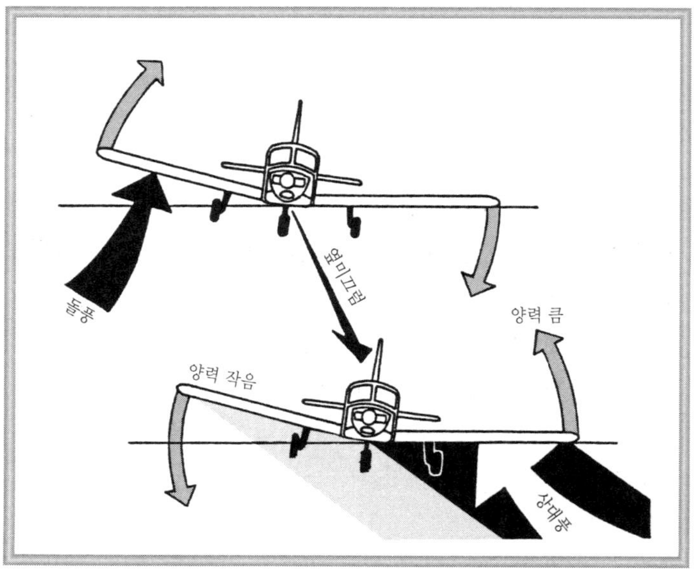

그림 3-10 쳐든각의 roll 안정성

그림 3-7 • 비행기의 3축과 운동

- X축 주위의 운동 : rolling(옆놀이) → 도움날개(aileron)가 담당
- Y축 주위의 운동 : pitching(키놀이) → 승강키(elevator)가 담당
- Z축 주위의 운동 : yawing(빗놀이) → 방향키(rudder)가 담당

그림 3-8 • 안정성(정적 및 동적 안정)이 있는 비행기

- 안정성의 구분

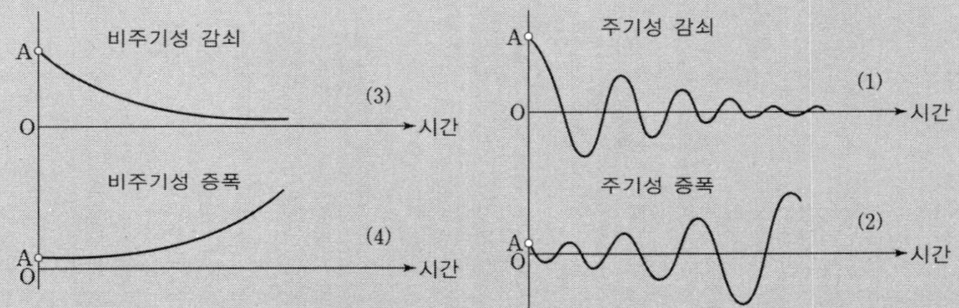

- 정적 세로 안정조건

$$\frac{dC_{Mc \cdot g}}{d\alpha}<0$$

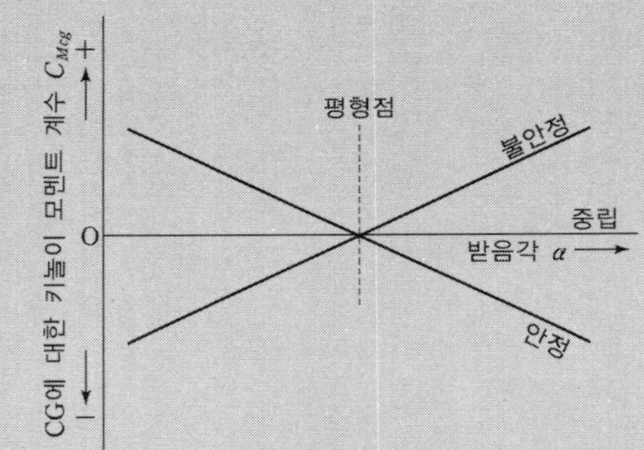

그림 3-9 • 후퇴각의 방향안정성

- 후퇴각을 줄 경우 방향안정성 있음
- weather cock stability :
  풍향기 안정성 → c.g가 a.c보다 전방에 위치

※ rudder, dorsal fin에 의한 방향안정성

그림 3-10 • 쳐든각의 roll 안정성

- 날개에 쳐든각(上反角)을 주면 옆놀이 안정성이 있음
- 높은 날개는 안정성 있음
- 후퇴익은 쳐든각의 효과 있음
- 쳐진각(下反角)을 주면 안정성보다 조종성이 좋음 → 전투기에 사용

4 항공기 구조 및 감항성

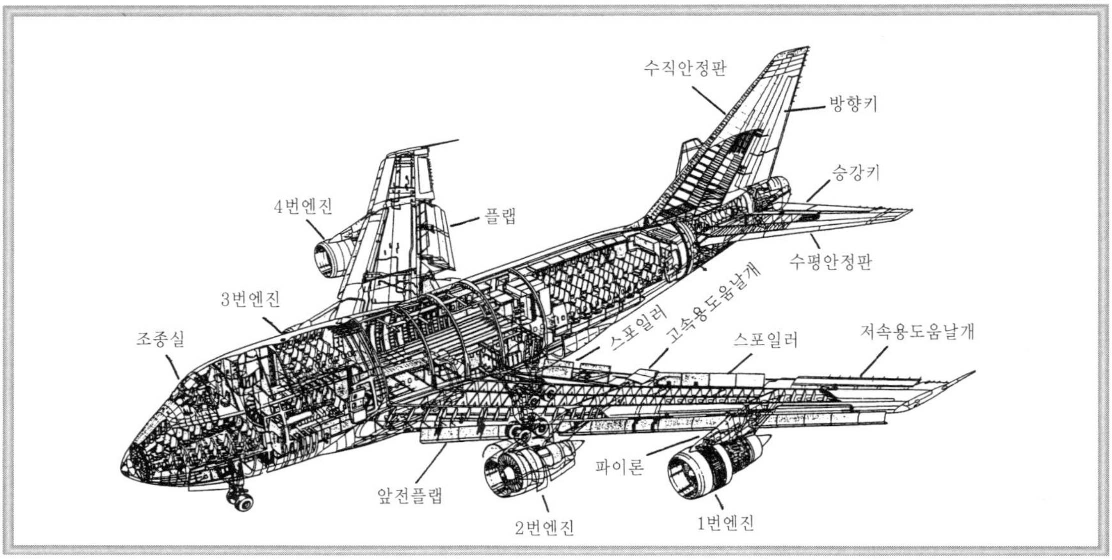

그림 4-1 항공기구조 및 각부의 명칭

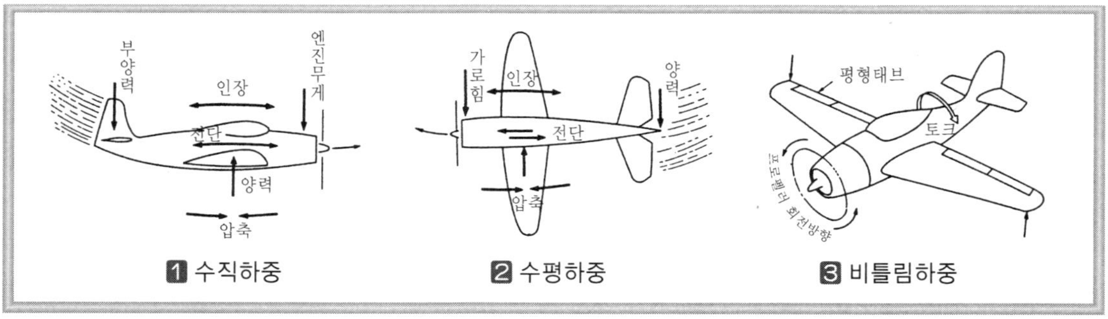

그림 4-2 비행중에 받는 하중

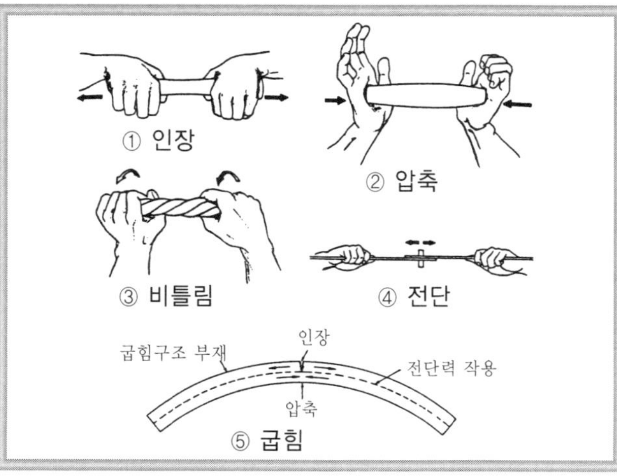

그림 4-3 응력의 종류

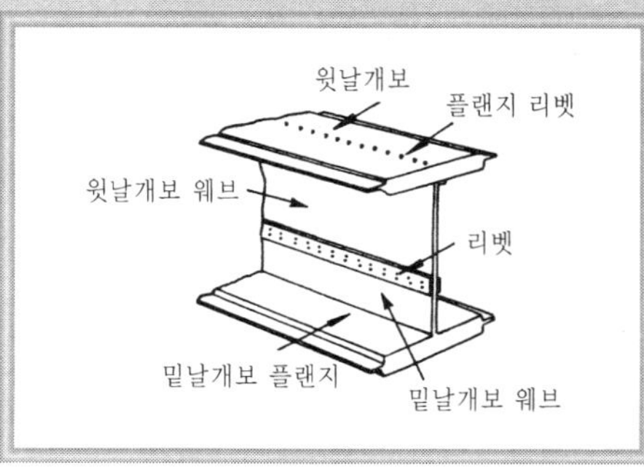

그림 4-4 플랜지-웨브형 구조

그림 4-1 • 항공기구조 및 각부의 명칭

- 항공기 구조 : 동체, 주날개, 꼬리날개, 착륙장치, 엔진마운트 등으로 구성
- 주날개 : 저속용도움날개, 고속용도움날개, 플랩, 스포일러 등으로 구성
- 꼬리날개 : 수평안정판-승강키, 수직안정판-방향키로 구성

그림 4-2 • 비행중에 받는 하중

- 외력 :
  양력, 항력, 중력, 추력

1 수직하중 :
인장력, 압축력, 전단력

2 수평하중 :
인장력, 압축력, 전단력

3 비틀림하중 :
프로펠러 회전에 의한 토크

그림 4-3 • 응력의 종류

- 응력 $= \dfrac{\text{하중}}{\text{작용하는 단면적(또는 면적)}}$
- 종류 : 인장, 압축, 비틀림, 전단, 굽힘

그림 4-4 • 플랜지-웨브형 구조

- 플랜지(flange) : 압축력, 인장력, 굽힘 모멘트 담당
- 웨브(web) : 전단력 담당

- 하중계수 $n = \dfrac{L}{W}$
- 극한하중계수(ultimate load factor)=제한하중계수(limit load factor)×안전계수(1.5)
- 극한하중=극한하중계수×비행기무게 : 이 하중에 3초간 견딤
- 제한하중계수 : 감항유형(airworthiness category)에 따름
  수송(T) : 2.5, 곡예(A) : 6, 보통(N) : 2.5~3.8, 실용(U) : 4.4
- $V-n$ 선도 : 비행기 구조의 안전을 보장하는 운동(비행) 범위

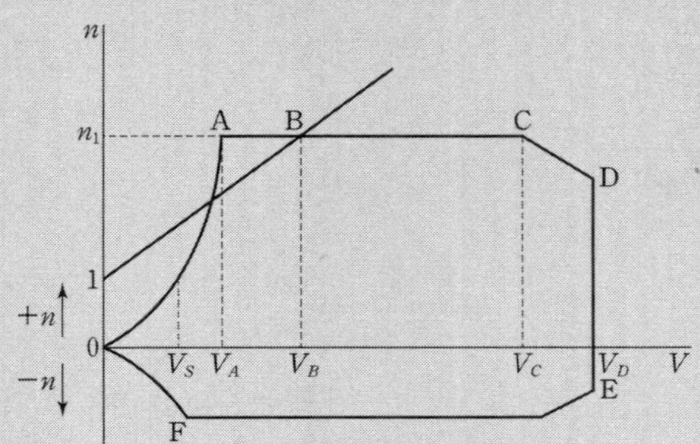

V_S : 실속속도
V_A : 설계운용속도
V_B : 최대돌풍에 대한 속도
V_C : 설계순항속도
V_D : 설계급강하속도

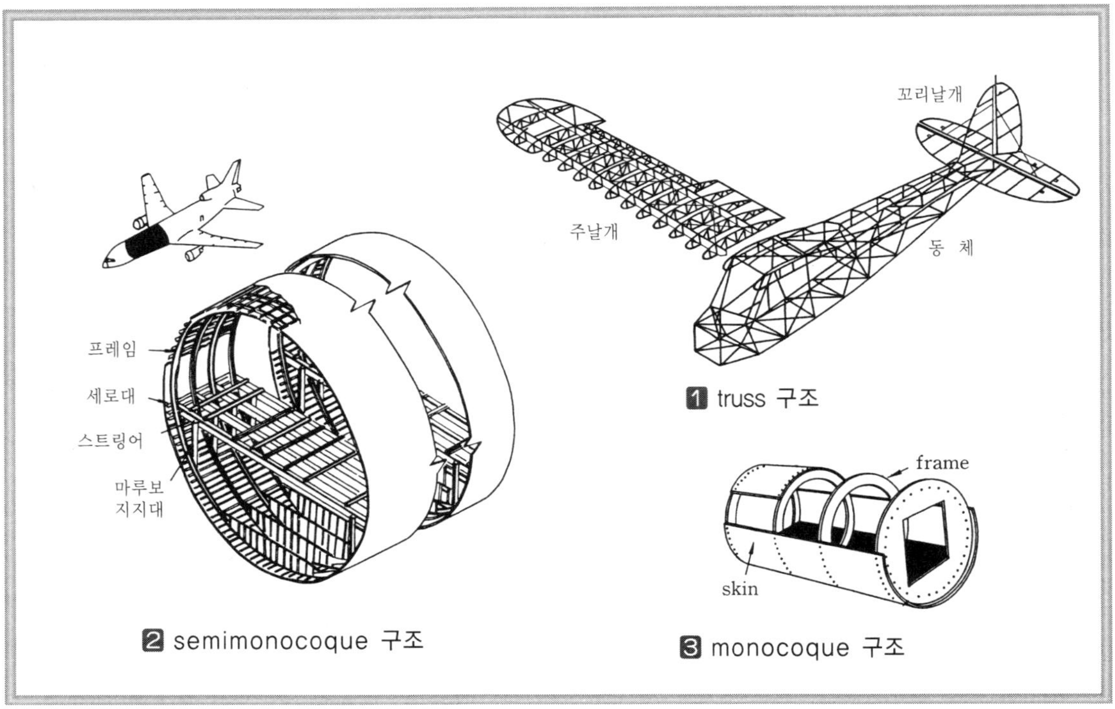

그림 4-5 **기체의 구조형식**

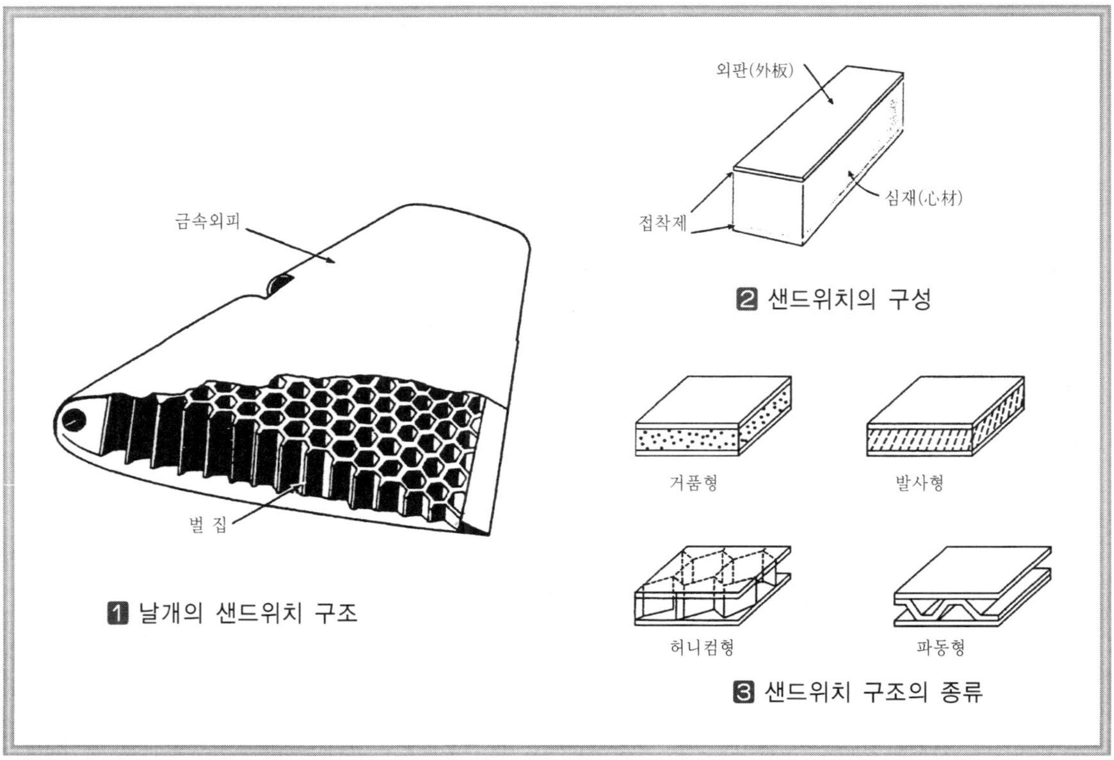

그림 4-6 **샌드위치 구조형식**

• 항공기 구조형식 :
 ① Truss 구조형식
 ② 응력외피 구조형식(모노코크, 반모노코크)
 ③ 샌드위치 구조형식

그림 4-5 • 기체의 구조형식

1 truss 구조
- 소형기에 사용
- 제작비용이 적다.
- 철관(steel tube), 목재로 truss를 구성하고 외피는 천(fabric) 또는 얇은 금속

2 semimonocoque 구조
- 골조(frame)와 외피(skin)를 따로 만들어서 조립
- 응력은 외피가 담당
- 구성 : frame, longeron, stringer, 외피, 지지대

3 monocoque 구조
- 골조(frame)와 외피(skin)를 완전히 일체로 제작
- 응력은 외피가 담당

그림 4-6 • 샌드위치 구조형식

1 날개의 샌드위치 구조
- 1960년부터 실용화
- 단위면적당 강도가 높고 반복하중에 강함, 열이나 소음차단 효과 큼, 가벼움

2 샌드위치의 구성

① 외판
- 금속재료(AI합금, 티타늄 합금, Stainless강 등)
- 섬유강화 플라스틱(FRP) 적층판

② 심재 : 금속(Al, 티타늄)의 허니컴사용, 비금속(거품수지, 발사, FRP 등)

③ 접착제 : 에폭시, 폴리에스터, 폴리아미드

3 샌드위치 구조의 종류
- 거품형, 발사형, 허니컴형, 파동형

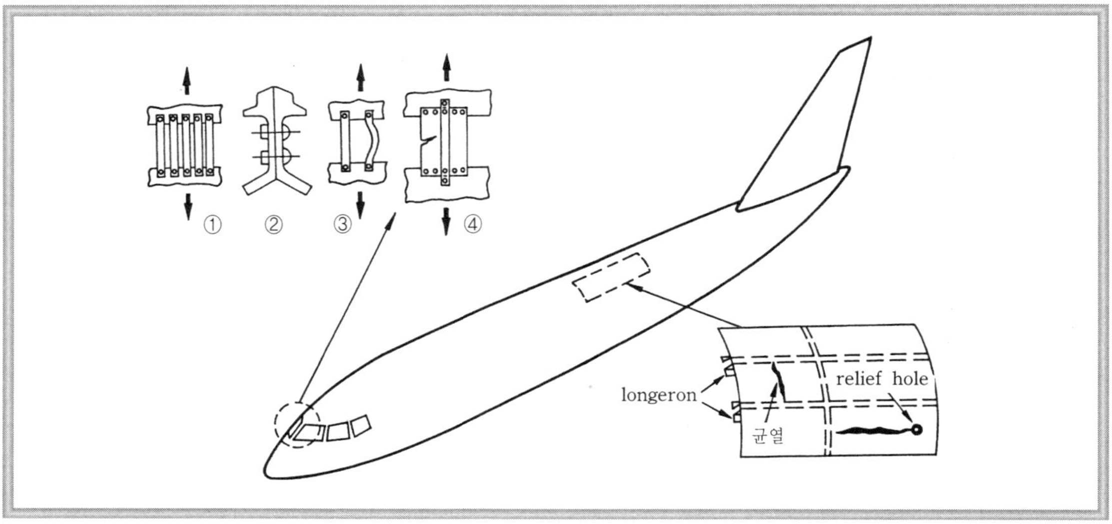

그림 4-7 Fail-safe 구조

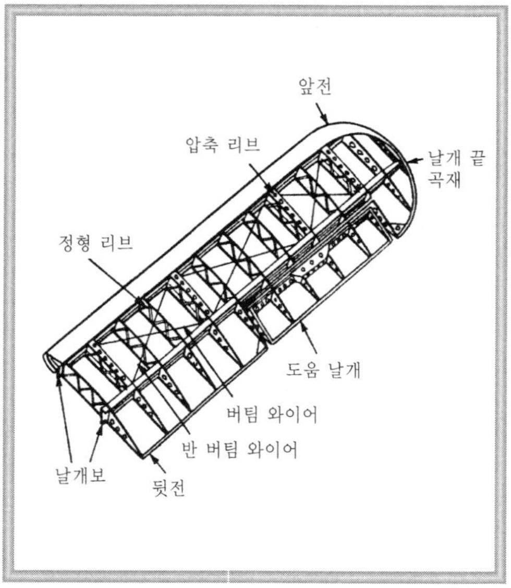

그림 4-8 주날개 구조의 예

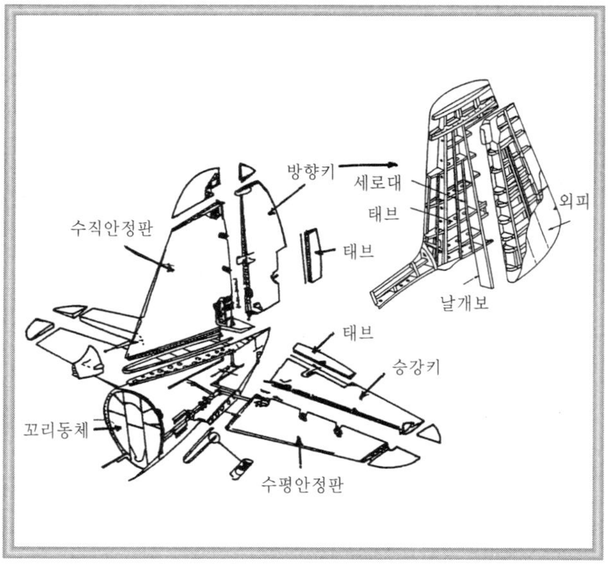

그림 4-9 꼬리날개의 구조

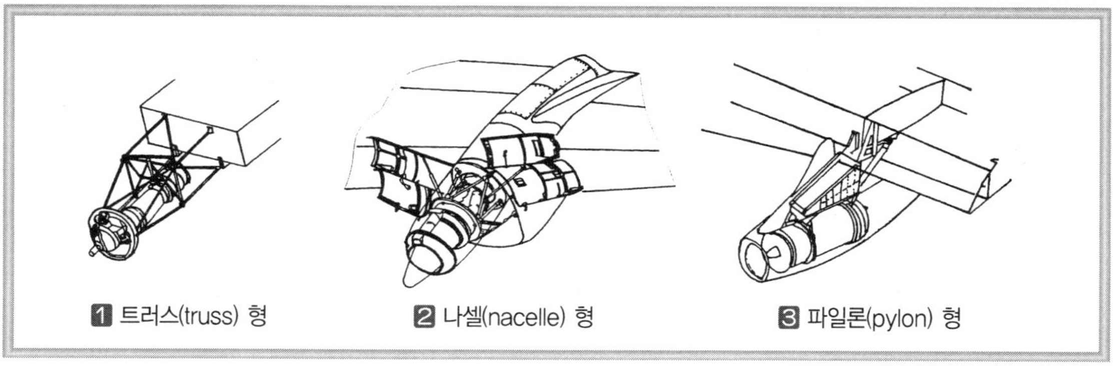

그림 4-10 엔진마운트의 구조형식

그림 4-7 • Fail-safe 구조

① 다중하중경로구조(redundant structure) : 한 부재가 파손되어도 다른 부재가 하중분담
② 이중구조(double structure) : 구조물을 두 개로 분리해서 하중분담,
1개가 균열이 생겨도 다른 부재가 분담하여 완전파괴를 방지
③ 대치구조(back-up structure) : 한 부재의 파손에 대비해서 예비부재를 설치
④ 하중경감구조(load dropping structure) : 강성이 약한 부재가 파괴될 경우
강성이 강한 다른 부재로 하중이동

그림 4-8 • 주날개 구조의 예

• 날개부재 :
날개보(spar)
리브(rib)
외피(skin)

그림 4-9 • 꼬리날개의 구조

• 구성 :
수평안정판, 승강키(elevator), 수직안정판, 방향키(rudder), 태브(tab)

그림 4-10 • 엔진마운트의 구조형식

1 트러스(truss) 형
• 엔진을 동체 내부에 부착할 경우
• 프로펠러 항공기에 많이 사용

2 나셀(nacelle) 형
• 엔진을 동체 외부 또는 날개밑에 부착할 경우
• 다발의 프로펠러 항공기에 많이 사용

3 파일론(pylon) 형
• 날개에 엔진을 장착할 경우
• 제트 항공기에 많이 사용

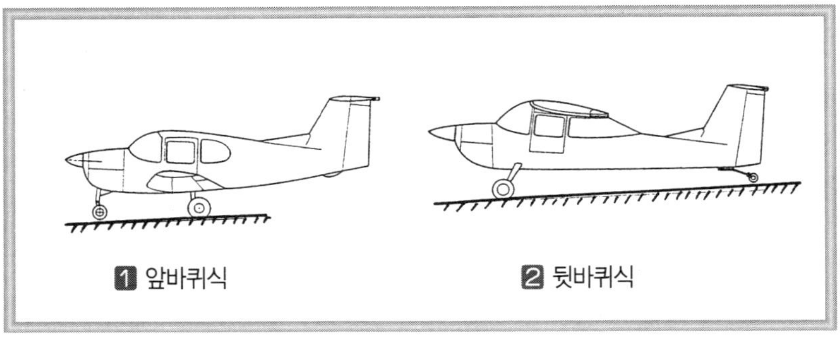

그림 4-11 **착륙장치의 배열방식**

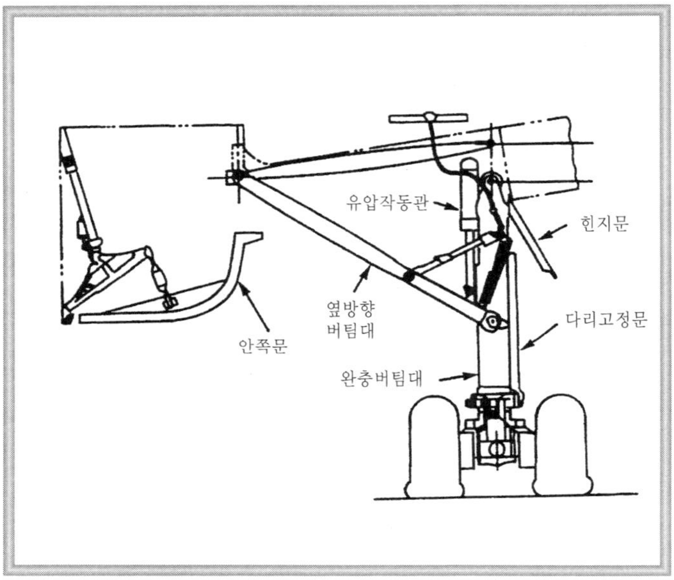

그림 4-12 **착륙장치의 구조**

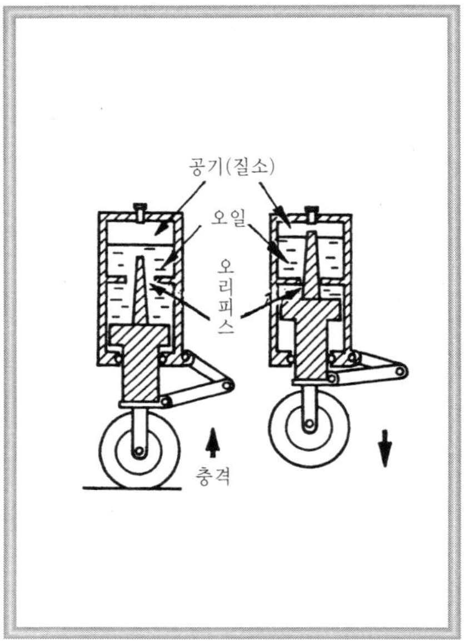

그림 4-13. **Oleo식 완충장치**

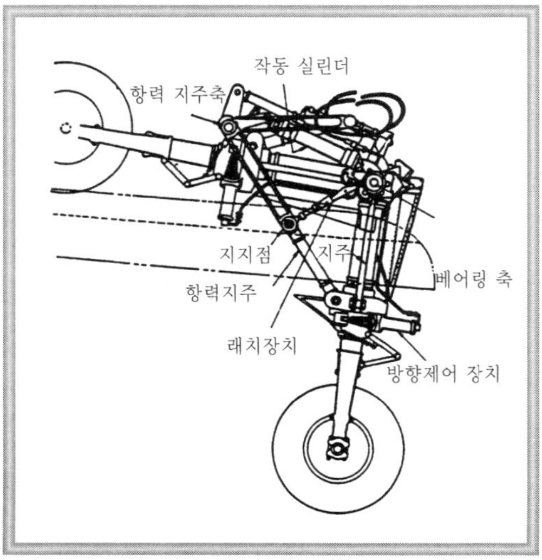

그림 4-14 **앞 착륙장치의 구조**

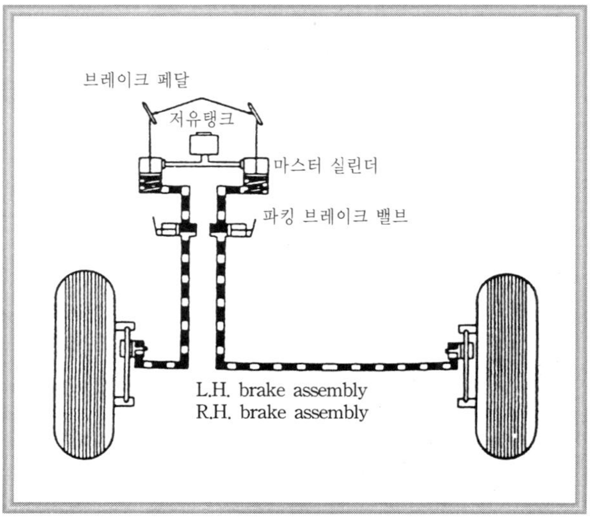

그림 4-15 **브레이크 계통**

그림 4-11 • 착륙장치의 배열방식

1 앞바퀴식(nose gear type)
- 조종사의 시야가 좋음
- 제트기에 사용(엔진 배기가스와 지면간의 간섭 방지)
- 대형기에 사용, 안정성이 좋음

2 뒷바퀴식(tail gear type)
- 소형기에 사용
- 조종사의 시야가 나쁨
- 착륙시 불안정

그림 4-12 • 착륙장치의 구조

- 구성
  타이어, 바퀴(wheel), 완충버팀대(shock strut)
- 버팀대 하나에 타이어 한 개 또는 2~4개 부착

그림 4-13 • Oleo식 완충장치

- 완충장치의 종류
  (a) 고무흡수 (b) 평판스프링
  (c) 공기압력 (d) oil 스프링
  (e) oleo식
- 대형기에는 oleo식 사용
- 작동유(오일)가 오리피스(orifice)를 통과할 때의 저항을 이용하여 충격 에너지 흡수

그림 4-14 • 앞 착륙장치의 구조

- 완충장치는 oleo식
- 지상활주중 앞바퀴가 지면과의 마찰로 좌우 방향으로 생기는 진동을 시미(shimmy)라 하고 이를 방지하는 장치인 시미댐퍼(damper)가 설치

그림 4-15 • 브레이크 계통

- 종류 :
  정상용 – 평상시 사용됨
  주기용 – 비행장에 장시간 주기용
  비상용 및 보조용 – 정상용 브레이크 장치가 고장났을 때
- 브레이크는 독립적으로 작동함

표 4-1 비철금속의 성분과 용도

금속의 종류	화학조성	인장강도	내식성	용도
알루미늄 합금 1100	Al-99% 불순물-1%	13,000psi 풀림한 상태	양 호	연료탱크, 카울링(cowling), 페어링(fairing), 비구조 부재
알루미늄 합금 3003	Al-92% Mg-1.5% 불순물-1%	16,000psi 풀림한 상태	양 호	위와 같음
알루미늄 합금 2017	Al-92% Mg-0.2~0.75% Mn-0.4~1.0% Cu-3.5~4.5%	26,000psi 풀림한 상태	우 수	응력외피, 리벳, 압출한 구조물 부재
알루미늄 합금 2024	Al-92% Mg-0.3~0.9% Mn-1.25~1.75% Cu-3.80~4.90%	26,000psi (풀림한 상태) 68,000psi (열처리했을 때)	우 수	alloy 2017과 대용
알루미늄 합금 5052	Al-92% Mg-2.2~2.8% Mn-0.1%, Cu-0.01% Ch-0.15~0.35%	35,000psi (풀림한 상태)	양 호	연료 및 유압계통 line, 날개, tips, 연료탱크
알루미늄 합금 5053	Al-98% Mg-2.2~2.8% Mn-0.1%, Cu-0.1% Ch-0.15~0.35%	19,000psi (풀림한 상태)	양 호	리벳 conduit 및 페어링
알루미늄 합금 7075	Al-89% Mg-2.1~2.9% Mn-0.1~0.3% Cu-1.2~2.0% Ch-0.1~0.4% Zn-5.1~6.1%	40,000psi (풀림한 상태)	양 호	고압유체 계통 line, 큰강도가 요구되는 구조물

표 4-2 철금속의 성분과 용도

금속의 종류	화학조성	인장강도	내식성	용도
저탄소강	C-0.10~0.30% Mn-0.30~1.00% Si-0.10~0.30% P-0.02~0.05% S-0.05%max Fe-나머지	40,000~55,000psi	불 량	높은 인장강도를 요하지 않은 일반 보수작업 용품
고탄소강 1095	C-0.90~1.05% Mn-0.25~0.50% P-0.04% S-0.055% Fe-나머지	200,000psi (열처리한 상태에서)	불 량	수공구 및 기계공구 일반 스프링
스테인리스강	Cr-18% Ni-8% Fe-71%	125,000psi	매우 양호	탄약상자, 방화벽, 다지관, 날개, 벤투리-카울링, 배기관, rubber-frame
인코넬 (inconel)	Ni-75% Cr-12~15% Fe-9%	125,000psi	매우 양호	스테인리스와 동일
니켈강 2330	C-0.25~0.35% Mn-0.50~0.80% Ni-3.25~3.75% Fe-나머지	100,000~160,000psi (열처리한 상태에서)		항공기용 볼트, 너트등 강도나 인성을 요하는 부품
니켈크롬강 3140	C-0.25~0.35% Mn-0.50~0.80% Ni-3.25~3.75% Cr-0.45~0.75% Fe-나머지	150,000~200,000psi (열처리한 상태에서)	우 수	연결봉, 크랭크축, 회전계의 구동부, 와셔 및 기타 부분품
크롬 몰리브덴강 4130	C-0.25~0.40% Mn-0.40~0.6% Cr-0.80~1.10% Mo-0.15~0.25% Fe-나머지	90,000~180,000psi	불 량	비행기의 용접한 구조부재, 움푹패인 프로펠러 블레이드

• 항공재료의 종류
• 금속재료
① 알루미늄합금 ② 강(steel)과 특수강 ③ 니켈합금 ④ 마그네슘 합금
⑤ 동합금 ⑥ 티타늄합금 ⑦ 소결합금
• 비금속재료
① 직포 ② 목재 ③ 고무 ④ 아크릴 수지 ⑤ 강화유리 ⑥ 접착제
• 복합재료
섬유강화수지(유리섬유, 탄소섬유, 보론섬유+에폭시 모재)

표 4-1 • 비철금속의 성분과 용도

Al합금은 AA(Aluminium Association)의 분류기호 사용
① 2024 : 초듀랄루민(super duralumin)이라 하며 강도가 큼, 기체외피에 주로 사용
② 7075 : 극초듀랄루민(extra super duralumin), 강도가 커서 골조(frame)의 하중담당 부재에 많이 사용

※ Al합금(2024, 7075)은 열처리 후 실온에서 강도와 경도가 강해지는 aging(시효경화) 특성이 있음

표 4-2 • 철금속의 성분과 용도

강(steel)은 SAE(Society of Automotive Engineers)의 분류기호 사용
① SAE 4130
크롬-몰리브덴 강, 강도가 커서 착륙장치, 엔진마운트에 사용
② Stainless 강
18(크롬)-8(니켈) 강, 내식성이 있고, 열에 강함
제트엔진의 꼬리 파이프, 방화벽에 사용
③ 티타늄 합금
내열합금, 제트엔진 꼬리파이프의 스테인리스강 덮개로 사용
④ 소결합금(cermet)
세라믹(ceramic)의 분말과 니켈, 크롬, 코발트 등을 결합재로 섞어서 가열하여 소결시킨 것, 금속과 도자기의 중간정도, 극초음속 비행체의 공역가열부재의 내열재료로 사용

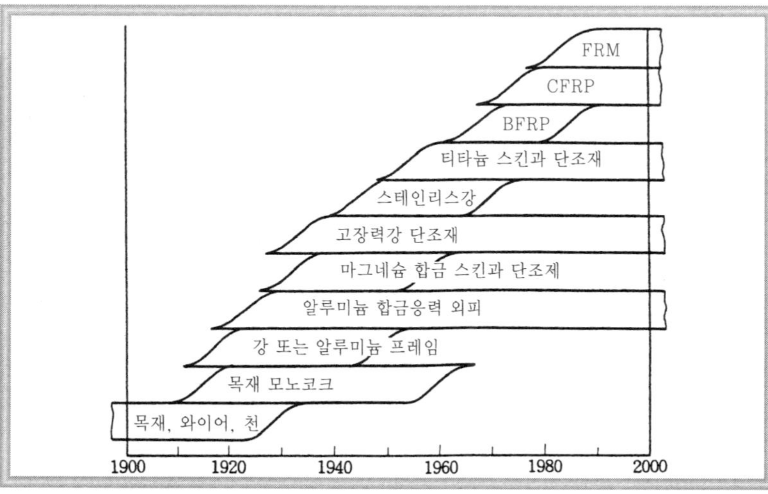

그림 4-16 **항공기 재료의 변천**

재 료 \ 특 성	① 비 중	② 인장강도(kg/mm²)	② / ① 중량강도비	탄성계수 (kg/mm²)
목 재(노송나무, 소나무)	0.4	4~6	10~15	1,000
연 강(1020)	7.8	40	5	21,000
특수강(4130, 4340)	7.8	90~140	12~18	21,000
알루미늄합금(2024, 7075)	2.8	40~55	14~20	7,000
티탄합금(TI-6 AL-4V)	4.5	90~110	20~25	11,000
FRP(유리섬유+폴리에스텔)	1.8	20~30	10~18	2,000
복합재료(보론섬유+에폭시)	2.1	100~140	50~65	23,000
(탄소섬유+에폭시)	1.5	70~100	50~70	18,000

그림 4-17 **항공기재료의 특성비교**

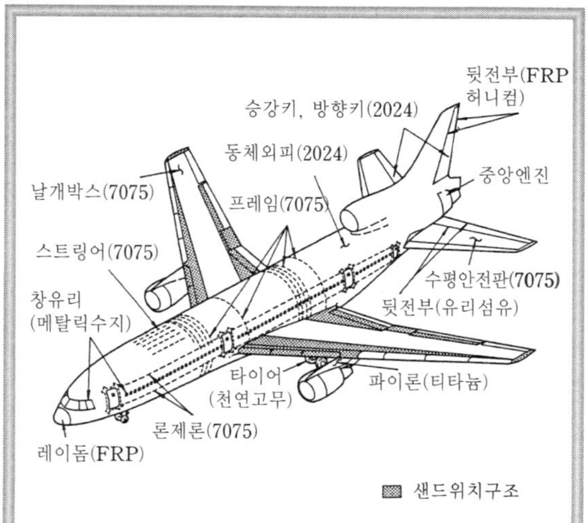

그림 4-18 **기체각부의 재료(로키드 L-1011)**

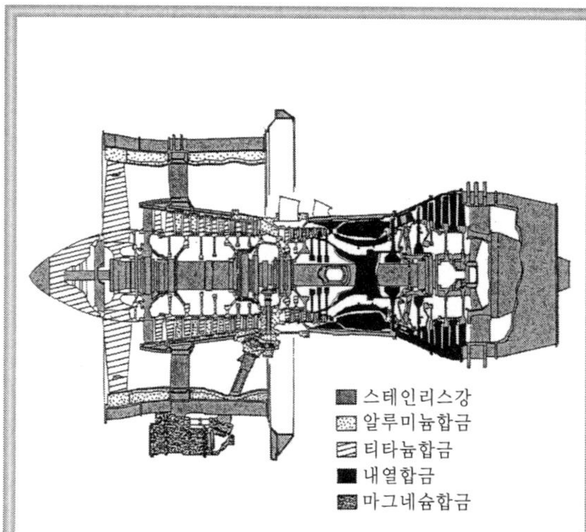

그림 4-19 **엔진각부의 재료(롤스로이스 RB211)**

- 복합재료

두 종류 이상의 재료를 합성하여 단일재료보다 우수한 성질을 갖도록 한 재료

- 종류

① 섬유강화수지(FRP, fiber reinforced plastic) :
유리, 탄소, 보론 혹은 강도가 큰 유기섬유를 에폭시(epoxy) 수지와 같은 모재(matrix)로 고정시킨 복합재료로 다음과 같은 것들이 있음
GFRP(유리섬유계 FRP), CFRP(탄소섬유계 FRP), AFRP(아라미드계 FRP), BFRP(보론섬유계 FRP), FRM(섬유강화금속, Fiber Reinforced Metal)

- 형성

prepreg(섬유에 수지를 침투시킨 0.1mm 정도 두께의 시트 또는 테이프)
→ 부품모양의 mold 위에 prepreg 적층
→ 오토클레이브(autoclave) 장비에서 가열, 가압, 경화시킨 후 탈형

그림 4-16 • 항공기 재료의 변천

- 1900년대 : 목재, 천
- 1940년대 : 강, Al 합금
- 1980년대 : 복합재료 사용

그림 4-17 • 항공기 재료의 특성비교

- 인장강도

재료를 인장했을 때 단면적 $1mm^2$ 당 몇 kg의 힘까지 지탱하는가를 나타내는 숫자

- 탄성계수

그 재료를 길이가 2배 되기까지 인장했을 때 단면적 $1mm^2$ 당 몇 kg의 힘이 필요한가를 나타내는 숫자

그림 4-18 • 기체각부의 재료(로키드 L-1011)

그림 4-19 • 엔진각부의 재료(롤스로이스 RB211)

5 추진기관

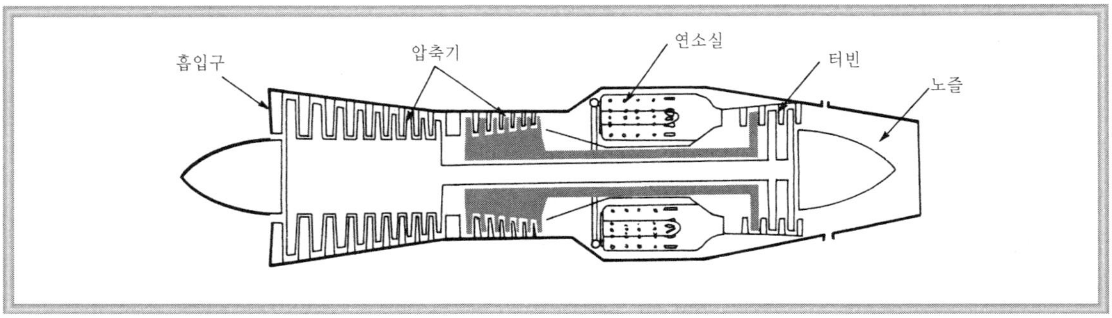

그림 5-1 **터보제트 기관의 구성**

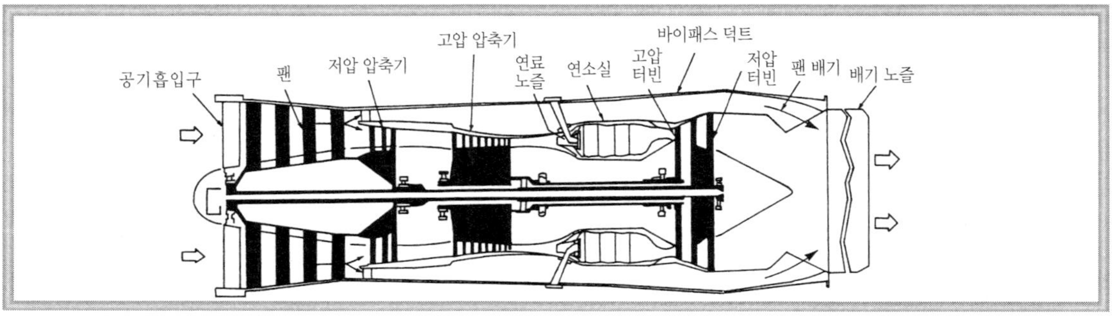

그림 5-2 **터보팬 기관의 구성**

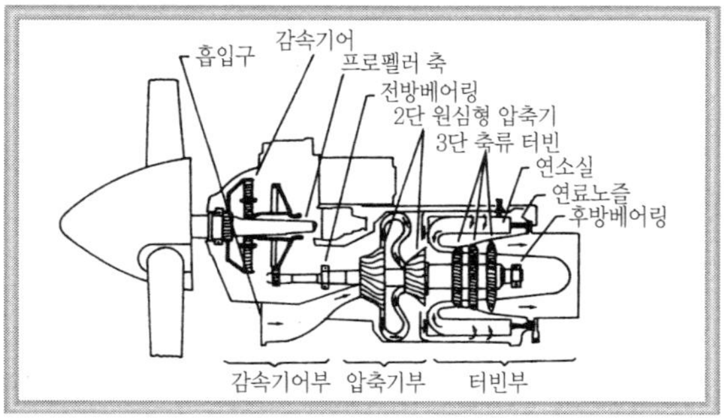

그림 5-3 **터보프롭 기관**

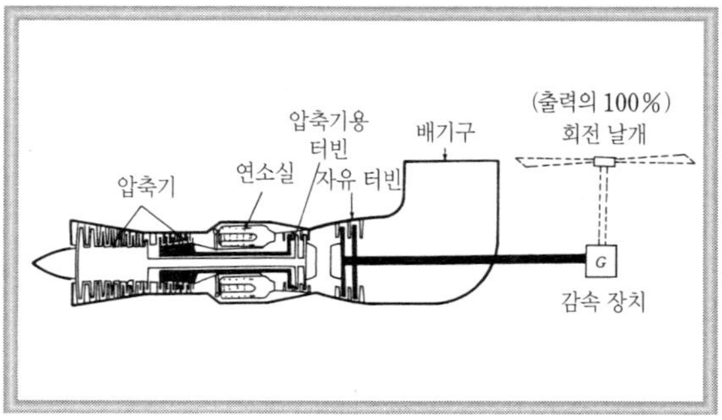

그림 5-4 **터보샤프트 기관**

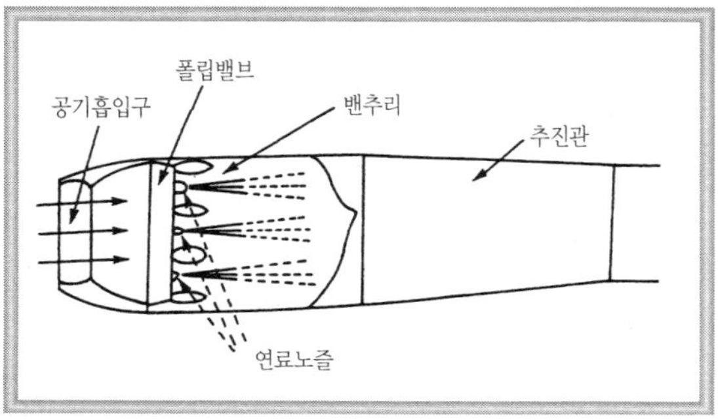

그림 5-5 **펄스(pulse)제트 기관**

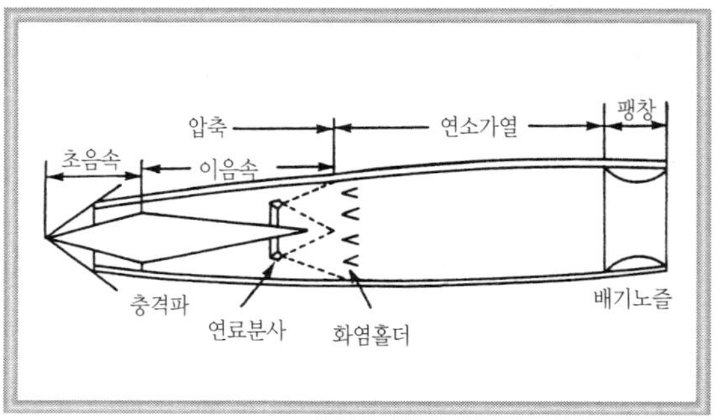

그림 5-6 **램(ram)제트 기관**

항공기추진 기관

- 종류 : 왕복기관–0.68kg/p~1.3kg/p
  (마력당 무게) 제트기관–0.18kg/p~0.23kg/p
- 프로펠러 추진기관
  ① 왕복기관
  ② turbo prop engine, turbo shaft engine(헬리콥터 기관)
- 제트(jet)추진기관

그림 5-1 • 터보제트 기관의 구성

- 제트 추진 기관
  ① turbo jet 기관. turbo fan 기관. pulse jet 기관.
  ② ram jet 기관. scram jet 기관. rocket 기관.
- 터보제트 기관의 구성 : 압축기→연소실→터빈 (가스발생기라 함)

그림 5-2 • 터보팬 기관의 구성

- 저속성능 향상 : 대량공기를 저속으로 분출
- turbo jet 기관의 turbine 뒤에 추가 터빈 설치
- M=0.6~0.9에서 효율 증가(천음속 여객기에 적합)
- 후기연소기 사용
  초음속 전투기(F-14, F-15, F-111)
- by pass eng 또는 ducted turbo fan eng 이라고도 함

그림 5-3 • 터보프롭 기관

- 가스터빈 출력 → 감속기어 → 프로펠러 구동 → 배기가스
- 출력의 80~90% : 프로펠러 구동
- 출력의 10~20% : 배기가스에서 얻음

그림 5-4 • 터보샤프트 기관

- 가스터빈 엔진출력 : 100% 축동력 전환
- 주로 helicopter rotor 구동
- 배기가스 이용 : 자동차, 선박, 발전기 구동

그림 5-5 • 펄스(pulse)제트 기관

- 공기의 맥동(pulse) 작용에 의한 압축, 연소
- 열효율이 낮고, 소음이 커서 현재 사용하지 않음(V-1 rocket의 추진기관)

그림 5-6 • 램(ram)제트 기관

- 비행속도에 의한 ram 압력으로 압축 (compressor 없음)
- 유속이 음속의 2배가 되어야 가동

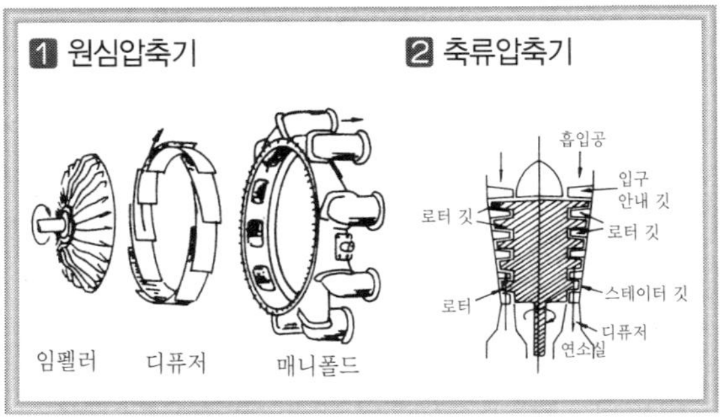

그림 5-7 **가스터빈기관의 압축기 형식**

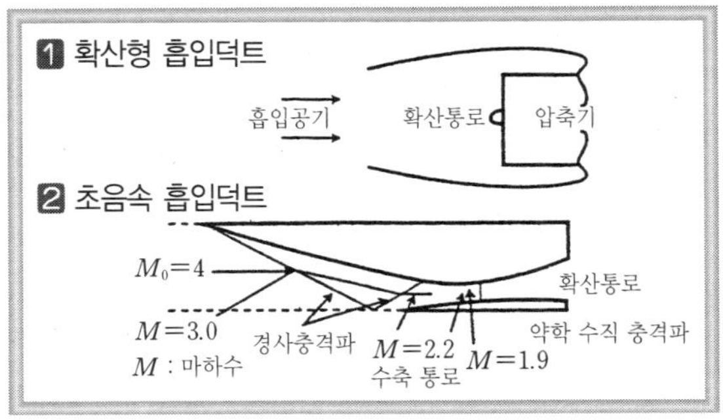

그림 5-8 **흡입덕트**

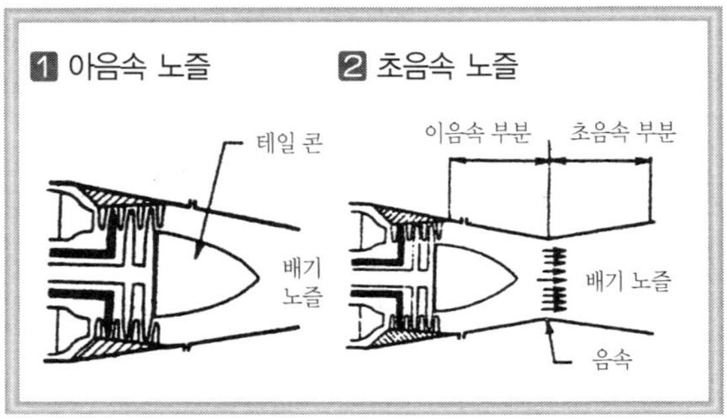

그림 5-9 **배기노즐**

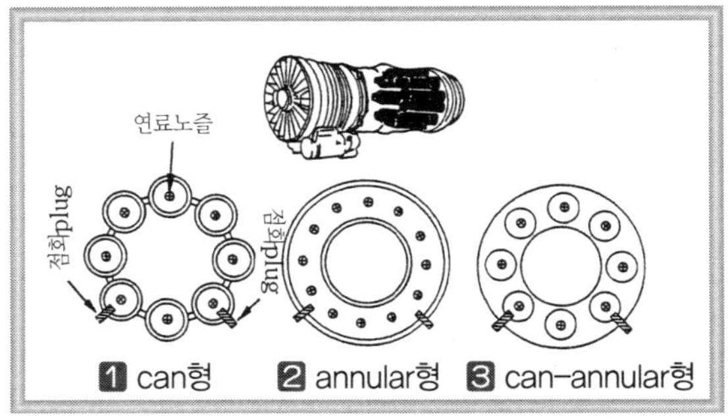

그림 5-10 **연소실의 종류**

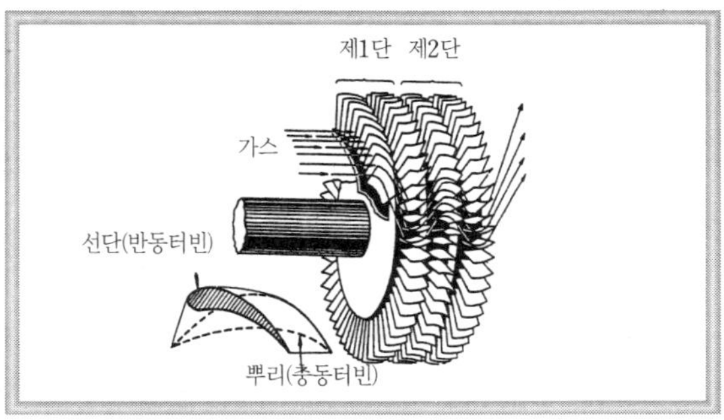

그림 5-11 **축류터빈**

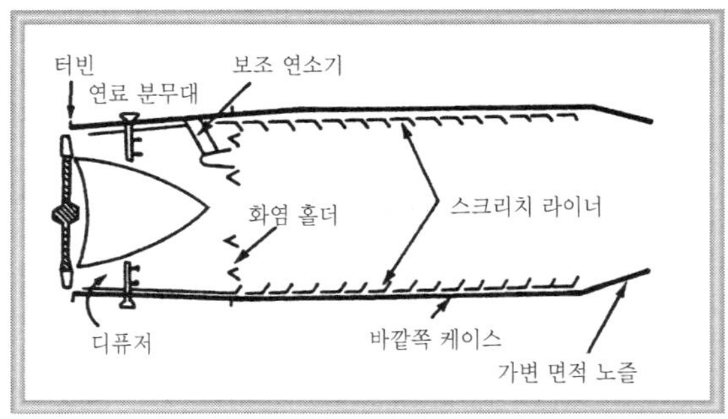

그림 5-12 **후기연소기의 구조**

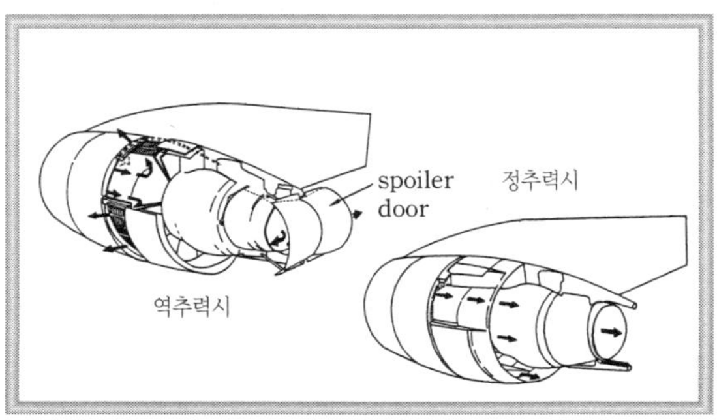

그림 5-13 **역추력 장치**

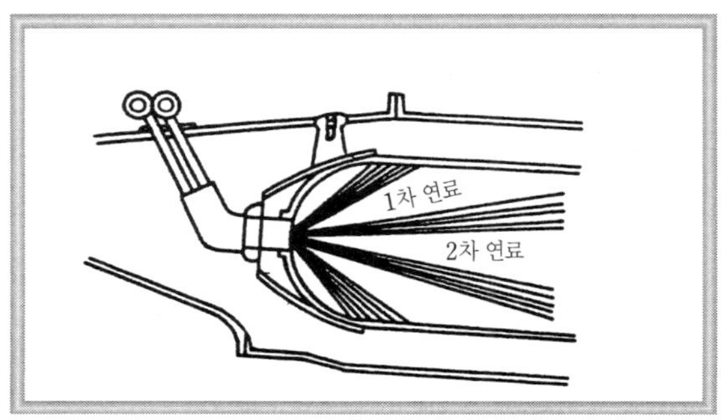

그림 5-14 **복식연료노즐**

그림 5-7 • 가스터빈기관의 압축기 형식

• 압축기의 형식

1. 원심압축기 : impeller 회전에 의한 원심력 작용으로 공기압축, 단당 압력비 높음. 제작 용이, 효율 낮음. 소형기관에 사용
2. 축류압축기 : rotor와 stator로 구성. 많은 공기를 압축, 효율 좋음. 외부물질에 치명적

그림 5-8 • 흡입덕트

1. 아음속 : 확산통로로 압력회복
2. 초음속 : 경사충격파와 확산 통로를 이용 감속

그림 5-9 • 배기노즐

1. 아음속 노즐 : 축소 노즐
2. 초음속 노즐 : 축소-확산 노즐

그림 5-10 • 연소실의 종류

1. can형 : 정비 간단, flame out 현상 발생. 과열시동, 출구온도 비균일
2. annular형 : 구조간단, 연소실 길이가 짧음. 연소 안정, 연소효율 좋음
3. can-annular형 : annular의 외측 case와 내측 case 사이에 원통형 라이너 5~10개 설치 → 중, 대형 기관에 사용

그림 5-11 • 축류터빈

• 방사류터빈 : 원심압축기와 동일 원리 단수를 증가시키면 저효율 → 소형기관 사용
• 축류터빈 : 축류압축기와 동일 원리 stator와 turbine nozzle로 구성. 반동터빈, 충동터빈

그림 5-12 • 후기연소기의 구조

• 터빈출구와 배기노즐 사이에 후기연소장치 설치
• 전투기나 초음속 여객기에 사용
• 연료소모 3배

그림 5-13 • 역추력 장치

• 가변 spoiler와 door를 작동하여 배기가스의 방향을 역으로 변환시켜 역추력으로 착륙거리 단축

그림 5-14 • 복식연료노즐

• 1차 연료 : 시동시 점화가 쉽고 넓게 분사
• 2차 연료 : 완속(idle) 이상에서는 연소실 벽에 연료가 닿지 않도록 분사

• 진추력(net thrust) : 비행중에 발생하는 추력
• 총추력(gross thrust) : 공기와 연료의 유입운동량을 고려하지 않은 추력, 즉 정지시 추력
• 추력 중량비 : 기관의 무게와 진추력의 비

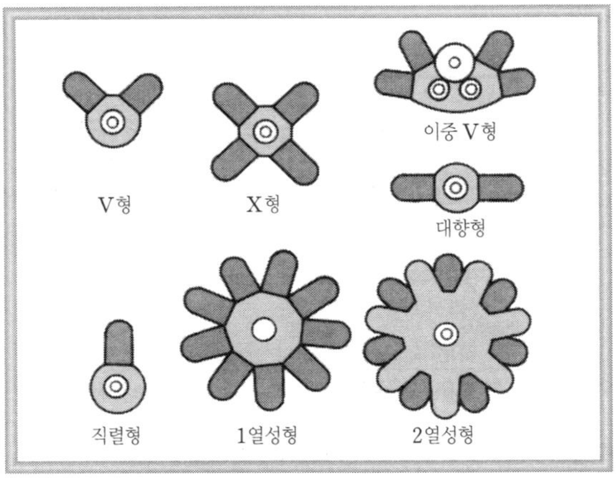

그림 5-15 왕복기관 실린더 배열방식

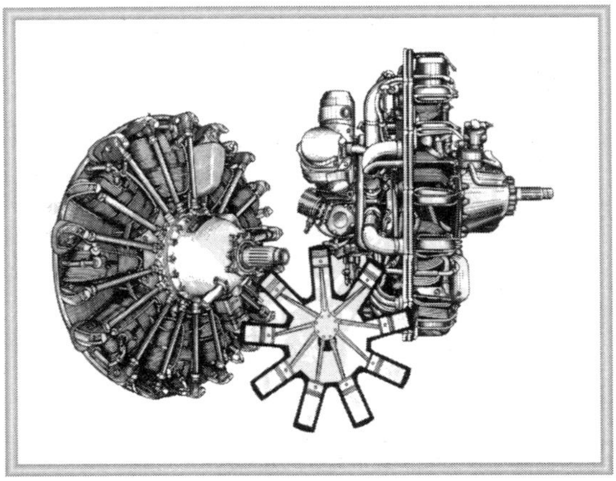

그림 5-16 성형엔진

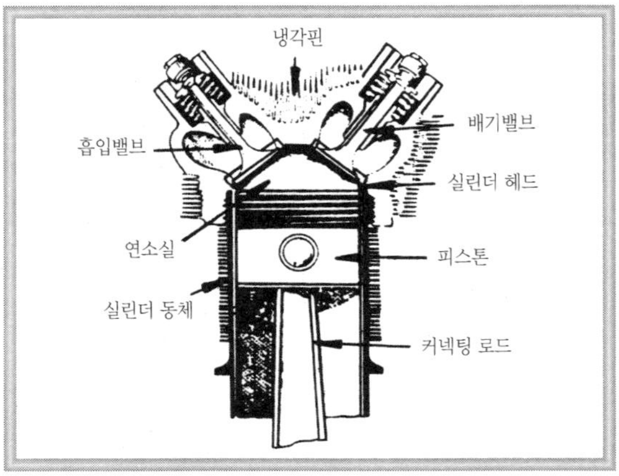

그림 5-17 실린더의 구성

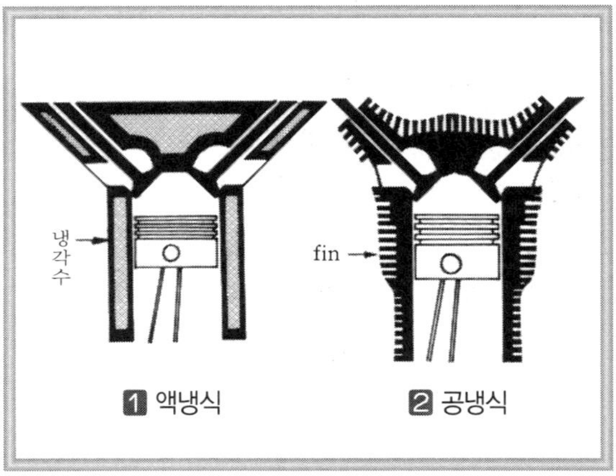

그림 5-18 실린더 냉각방식

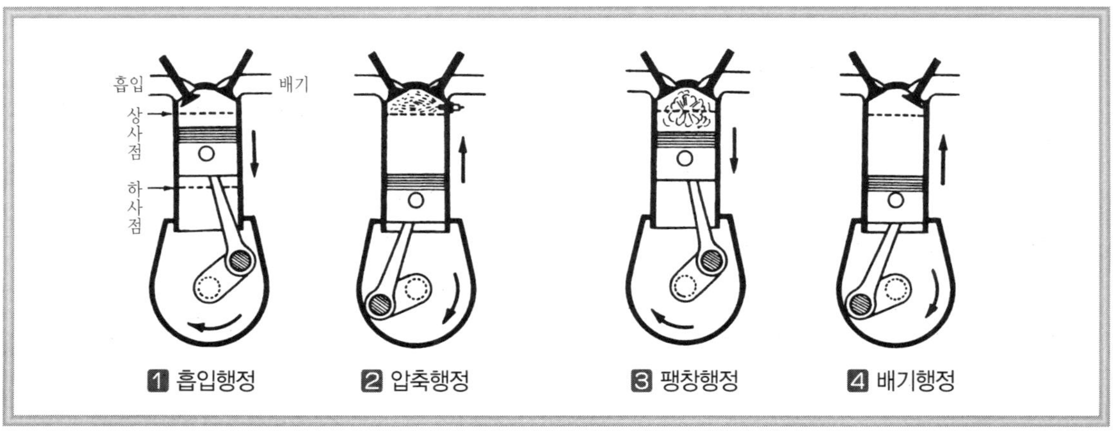

그림 5-19 왕복기관의 4행정

그림 5-15 • 왕복기관 실린더 배열방식

① 직렬형
② V형 : 액냉식 엔진에 많이 사용
③ 수평대향형 : 소형기에 많이 사용
④ 성형(radial type) : 중, 대형기에 사용

그림 5-16 • 성형엔진

- 진동이 적다.
- 마력당 중량비가 작다.
- 비행기에 장착시 전면면적이 커서 공기 저항이 크다.
- 공냉식 엔진
- 200~3,500마력 기관에 적합

그림 5-17 • 실린더의 구성

※ 1876, 독일, Otto, 4행정 왕복기관 개발
- 구성 : cylinder, piston, connecting rod, crank축, 흡, 배기밸브, 점화 plug
- cylinder : 동체 : 합금강
- Head : 알루미늄 합금, 냉각 fin, 점화 plug.
- 밸브 : 흡입 및 배기밸브(700℃)

그림 5-18 • 실린더 냉각방식

1. 액냉식 : 냉각액을 순환시켜 엔진을 냉각(직렬형, V형에 많이 사용)
2. 공냉식 : cylinder 외부의 냉각 fin에 접촉하는 찬 공기로 냉각

그림 5-19 • 왕복기관의 4행정

1. 흡입행정 : 연료, 공기혼합가스 흡입
2. 압축행정 : 혼합기체의 압축(압력온도 상승)
3. 팽창행정 : 점화, 연소로 폭발적인 압력, 온도 상승
4. 배기행정 : 연소된 가스의 배출

※ 왕복기관의 종류
① 2행정, 4행정 기관
② 공냉식, 액냉식 기관

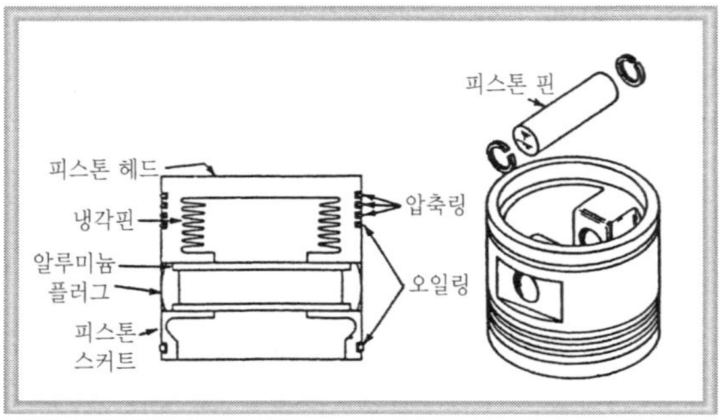

그림 5-20 **피스톤의 구조**

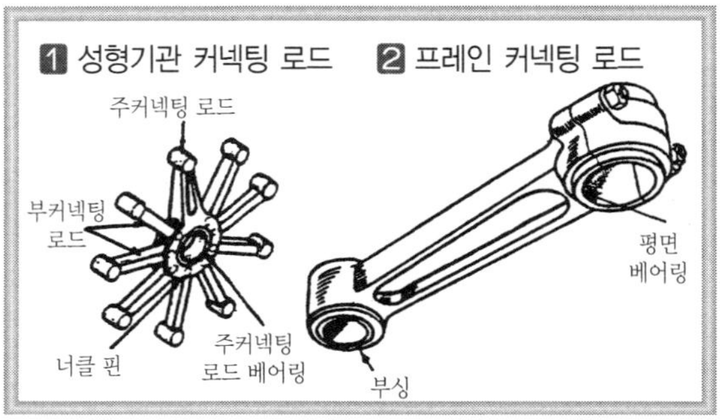

그림 5-21 **커넥팅로드의 구조**

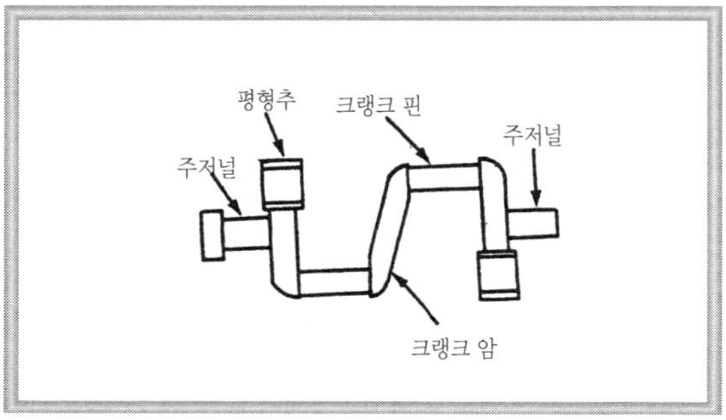

그림 5-22 **크랭크 축**

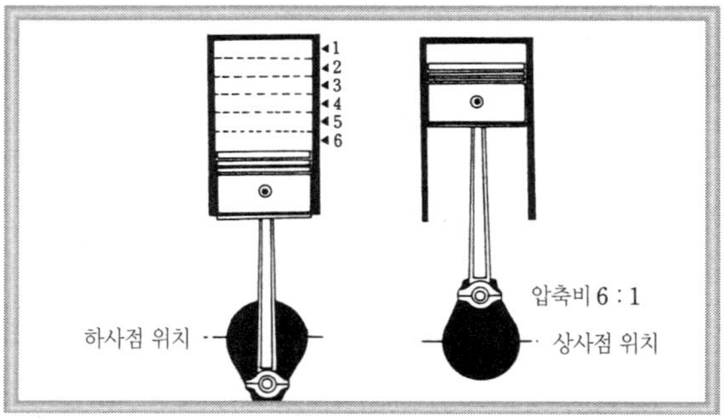

그림 5-23 **압축비**

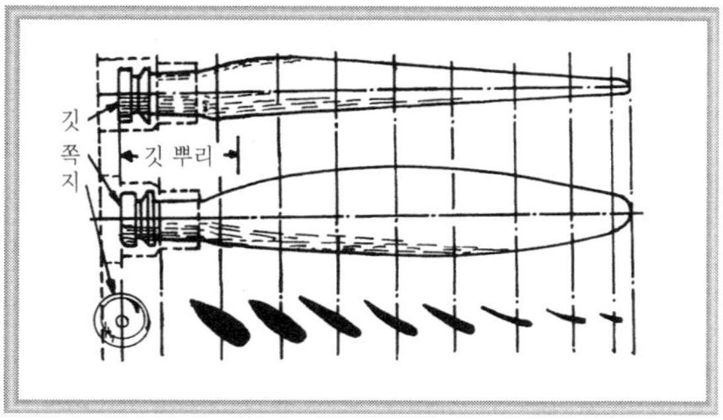

그림 5-24 **프로펠러**

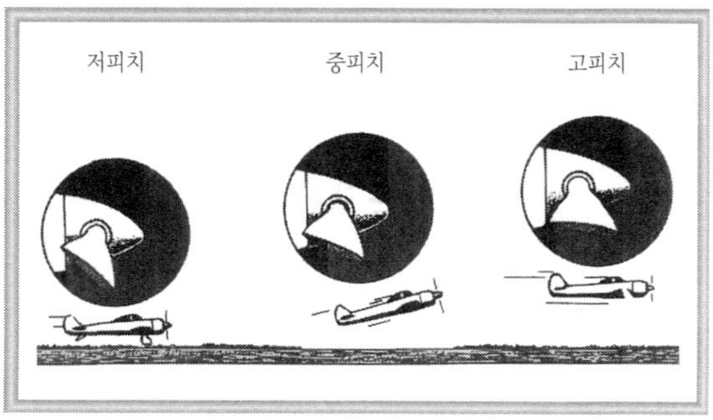

그림 5-25 **propeller pitch의 종류**

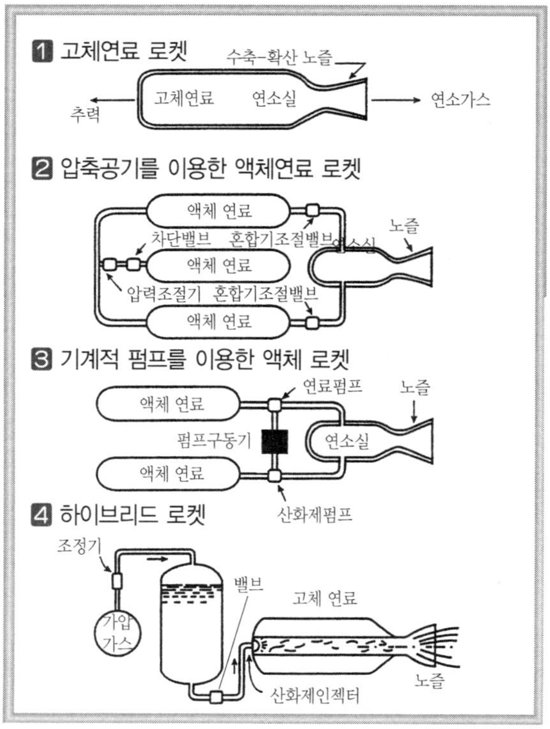

그림 5-26 **로켓 기관**

그림 5-20 • 피스톤의 구조

- 피스톤 : Al 합금재료, 내부에 냉각 fin
- 피스톤링 : 압축링 → 기밀작용
  오일링 → 윤활유의 양조절 piston의 열을 cylinder 벽에 전달
- 형태 : 직각형, 테이퍼형, 쐐기형

그림 5-21 • 커넥팅로드의 구조

- piston에 가해진 힘을 crank 축에 전달

그림 5-22 • 크랭크 축

- 왕복운동을 회전운동으로 바꿈
- 재료 : Ni-Cr-Mo. 강

그림 5-23 • 압축비

- 압축비 $= \dfrac{\text{실린더 용적}}{\text{연소실 용적}}$

$= \dfrac{\text{piston이 하사점에 있을 때 cyl용적}}{\text{piston이 상사점에 있을 때 cyl용적}}$

※ 마력 : 지시마력, 제동마력, 마찰마력, 이륙마력, 정격마력

그림 5-24 • 프로펠러

- 허브(hub)와 깃(blade)으로 구성
- 고정 pitch, 가변 pitch(이단 가변, 정속)
- 목재, 금속재, 끄는식, 미는식

그림 5-25 • propeller pitch의 종류

① 저피치 : 이착륙시
② 중피치, 고피치 : 순항, 고속비행시
③ 페더링피치 : 비행중 기관이 고장일 경우 propeller의 풍차회전 방지(초고피치)
④ 역피치 : 깃각을 음으로 하여 역추력 발생 착륙거리 단축
⑤ 고정피치 : 피치고정, 경비행기용
⑥ 가변피치 :
  - 지상조정피치 : 2단가변피치
  - 정속프로펠러 : 자동가변피치

그림 5-26 • 로켓 기관

- 화학 로켓 (화학 추진제 사용)
  ① 고체연료 로켓 : 구조 간단, 연소제어에 문제. 소형 로켓 기관에 사용.
  ② 액체연료 로켓 : 연소제어 가능, 대형 로켓 기관에 사용
  ③ 하이브리드 로켓 : 고체연료와 액체 산화제 사용. 산화제와 연료가 분리되어 있으므로 안전성, 고체연료가 완전연소 되지 않은 단점이 있다.
- 원자력 로켓 : 구조, 에너지원, 무게 등이 문제점
- 전기 로켓 : 자세제어나 우주추진용
- 태양 로켓 : 태양 에너지 이용

6 항공전자

항공통신 시스템

(1) 현재 민간항공에 주로 사용되고 있는 통신 시스템은 장거리 통신용인 단파(HF) 통신 시스템과 단거리 통신용인 초단파(VHF) 통신 시스템으로 대별된다.

※ 90년대 후반부터 통신위성을 이용한 SATCOM(Satellite communication)과 VHF, HF 데이터 통신 시스템이 사용됨.

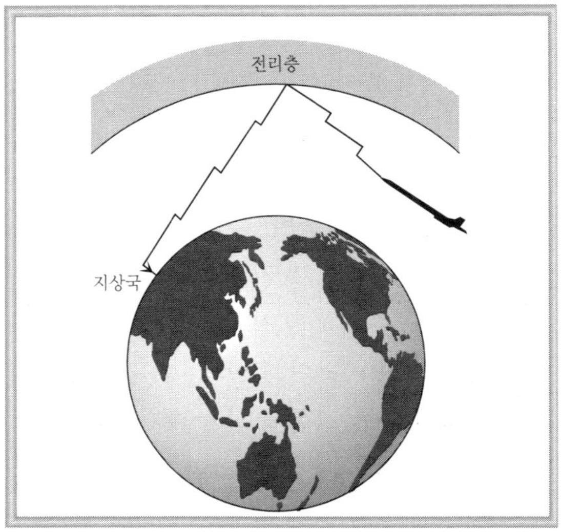

그림 6-1 HF의 전파 도달 경로

(2) 전파 분류 : 교과서 표 6-1 참조

(3) 셀콜(SELCAL) 시스템

선택호출장치(Selective Calling System)이며, 이 장치는 코드화된 발신음을 HF 또는 VHF 채널을 통하여 전송하는 장비로 항공기에 사전에 지정된 등록번호를 부여하고 지상국에서 이 지정한 호출 부호를 먼저 송신하여 해당 항공기를 호출한 후 통신을 시작한다. 장거리 항행의 경우 조종사가 항상 통신장치를 켜고 모니터하는 부담을 없애준다.

(4) 항공 방송 서비스

안전운항 및 정시운항에 필요한 각종 정보들을 무선을 이용하여 항공기에 전송하여 제공되는 정보 서비스를 말하며, 항공 기상방송 서비스(VOLMAT), 공항 정보방송 서비스(ATIS), 항공로 정보방송 서비스(AEIS) 등이 있다.

(5) 데이터 통신 시스템

조종사와 관제사의 음성 통신에만 의존하는 HF나 VHF 통신 시스템의 문제점(정보전달의 부정확성, 감도저하, 조종사 업무과중, 통신채널 부족)을 개선한 것으로 음성통신만으로 이루어지는 각종 데이터들을 자동으로 직접 송수신함으로써 채널 점유시간을 줄여서 사용통신 채널수를 감소시킬 수 있다. 대표적인 시스템으로 ACARS(Aircraft Communication Addressing and Reporting System)이 있다.

(6) 항공기 데이터 버스 시스템

① 다양한 장비들로부터 나온 정보를 상호 연결하는 전기적 통로인 데이터 버스를 이용하여 정보를 전송함

② 형식

㉠ 단일송신 단일수신형 ㉡ 단일송신 다중수신형 ㉢ 다중송신 다중수신형

(7) 항공 위성통신 시스템

① VHF 통신범위의 한정과 HF의 통신품질 저하를 개선하기 위하여 인공위성을 중계하는 통신시스템 사용

② 선박을 대상으로 한 위성통신 시스템인 INMARSAT 위성을 1985년에 조약에 의하여 항공기에 대한 서비스 개시

③ INMARSAT 위성은 적도 상공 35,000 km 고도에 4개의 정지위성으로 구성됨. 앞으로 항공 이동위성 서비스(AMSS, Aeronautical Mobile Satellite Service)로 전환될 것임

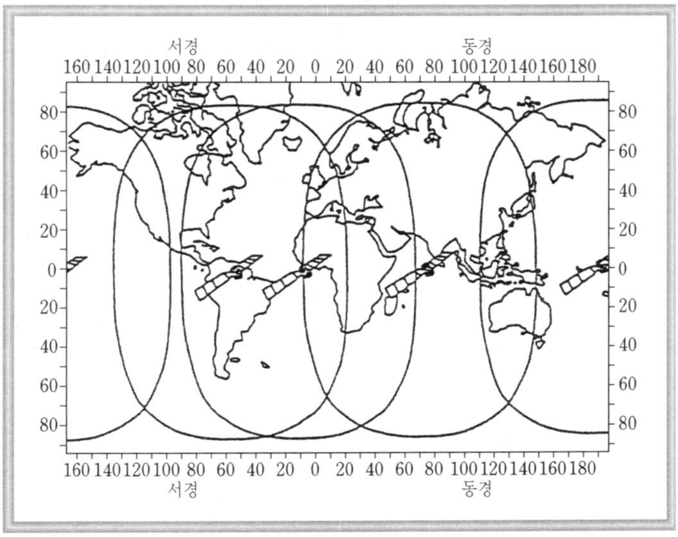

그림 6-2 4개의 정지위성 통신 범위

(8) 기내통신 시스템

① 운항 승무원간의 통화나 조종사와 기내통신, 정비시의 편이성을 도모하기 위하여 항공기 내에 오디오 신호 및 통신설비를 구축

② 기내 LAN을 통한 다양한 서비스 제공, 통신위성을 통한 위성전화

㉠ 인터폰 시스템

㉡ 호출기

㉢ 오디오 관리 시스템

㉣ 승객용 방송 시스템

㉤ 승객용 오락제공 시스템 등이 있다.

항법 시스템

① 항법(navigation)이란 이동체가 어느 한 지점에서 다른 지점으로 이동하는 경우 진로에 대한 정보(위치, 거리, 방위 등)를 제공하는 기술

② 기술분야 : ㉠ 위치측정기술 ㉡ 항로를 이탈하지 않은 비행제어기술

③ 항법방식 : ㉠ 지문항법방식 ㉡ 추측항법방식 ㉢ 천측항법방식 ㉣ 전파항법방식

※ 현재 주로 사용되는 것은 전자항법방식으로 이 시스템에는 ㉠ 전파항법 ㉡ 자립항법 ㉢ 위성항법으로 구분된다.

(1) **전파항법 시스템(Radio Navigation System)**

① 무선 전파를 이용한 항법 시스템 종류

단거리용 ㉠ 자동방향 탐지기(ADF, Automatic Direction Finder)와 NDB(Non Directional Beacon)

㉡ 초단파 전방향 무선표식(VOR, VHF Omni-directional Range)

㉢ 거리 측정장치(DME, Distance Measuring Equipment)와 전술항공 항법 장치(TACAN, Tactical Air Navigation)

장거리용 ㉠ LORAN(Long Range Navigation)과 오메가(OMEGA)

㉡ GPS(Global Positioning System)와 GLONAS

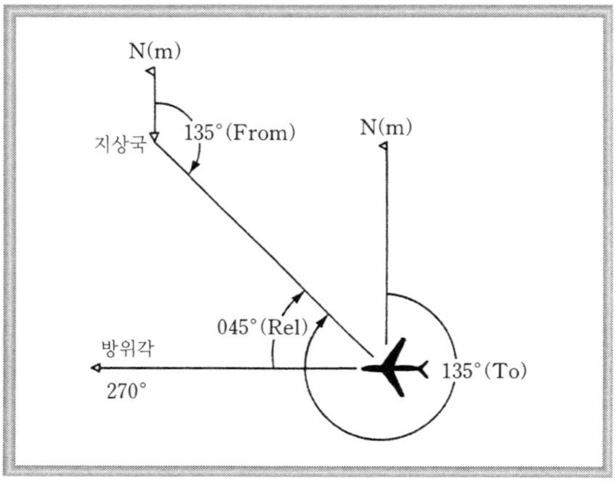

그림 6-3 VOR 방위 측정

(2) **자립항법 시스템(Self Contained Navigation System)**

① 항법정보(위치, 거리, 고도, 강하각 등)를 여타의 지원시설에 의존하지 않고 항공기 자체 장비만으로 얻는 항법 시스템을 말한다.

② 종류에는 ㉠ 도플러 항법 장치(Doppler Navigation System)

㉡ 관성 항법 시스템(INS, Intertial Navigation System)이 있다.

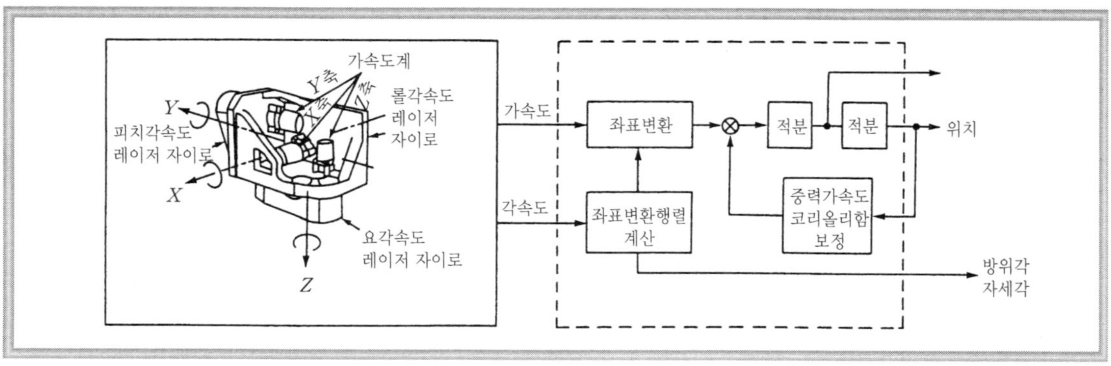

그림 6-4 스트랩다운 관성항법장치의 구성도

(3) 위성 항법 시스템(Global Navigation Satellite System)

① 위성 항법 시스템은 비교적 정확한 3D급의 항법 정보와 전세계적인 연속 서비스, 사용자의 수에 제한이 없다는 큰 장점이 있다.

② 이 시스템은 미국 주도하의 GPS와 구소련의 GLONASS 외에 유럽의 갈릴레오나 일본의 MSAT 등이 있다.

③ GPS는 위성부분(Space Station), 지상통제소(Control Station)와 사용자의 수신기로 구분

④ GPS 위성은 지표상공 22,000 km 고도에서 적도에 대해 약 55° 경사각을 가지고 11시간 58분의 주기로 지구 주위를 회전하고 있다. 지구 궤도상 총 24개의 위성이 있으며, 경도상 60°의 간격으로 6개의 궤도에 각 궤도마다 4개의 위성이 배열된다.

⑤ GPS는 비행시간에 관계없이 정확도가 유지되며 수신기의 가격, 중량, 장착 공간, 소모 전력면에서 다른 항법 시스템에 비하여 월등히 우수하다.

감시 시스템

항공기 감시 시스템(Surveilliance System)은 1차 감시 레이더로 항공기 소재만 파악하는 지상국 시스템과 2차 감시 레이더로 항공기 소재 파악 및 관제 기능을 갖는 항공기 탑재용 시스템이 있다.

(1) 1차 감시 레이더

항공기의 소재(목표물의 거리, 방위, 위치)만 파악하며 그 종류는 다음과 같다.

① 항공로 감시 레이더(ARSR, Air Route Survelliance Radar)

② 공항 감시 레이더(ASR, Airport Survelliance Radar)

③ 공항 지상 감시 레이더(ASDE, Airport Surface Detection Equipment)

(2) 2차 감시 레이더(SSR, Secondary Survelliance Radar)

1차 감시 레이더는 항공기의 소재만 파악할 수 있지만, 레이더스코프상에 여러 항공기가 나타날 경우 항공기가 관제 대상인가를 파악할 수 있다. 그 레이더 종류는 다음과 같다.

① SSR/ATC 트렌스폰더

② SSR 모드 S

(3) 자동 감시 시스템(ADS, Automatic Dependent System)

항공기의 위치정보를 조종사의 관여없이 데이터 링크를 통하여 자동 및 수시로 교통관제센터 및 관련기관으로 전송할 수 있는 시스템

항행보조 시스템

(1) 기상 레이더

항로 및 그 주변의 악천후 영역을 야간이나 시계가 나쁜 경우에도 정확히 탐지하고 표시하여 조종사가 이러한 영역을 피해 비행이 가능하도록 하는 레이더

(2) 전파 고도계

① 항공기에서 지표를 향하여 전파를 발사해서 이 전파가 되돌아오기까지의 시간차를 측정하여 지면에 대한 항공기의 절대고도를 구하는 계기이다.

② 모두가 저고도용이며 측정범위는 2,500 ft이다.

(3) 경고/경보 시스템

① 충돌 방지장치(TCAS, Traffic Alert and Collision Avoidance System)

지상시설의 도움없이 항공기에 탑재된 장비만으로 상대 항공기의 위치를 확인하여 접근 경보나 충돌 회피 지시를 내리는 장비

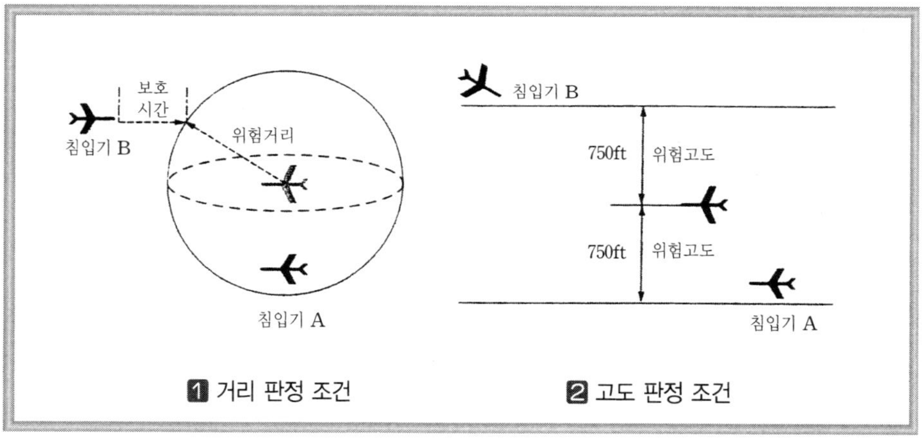

그림 6-5 TCAS의 원리도

② 고도 경보장치(Altitude Alert)

운항중인 항공기에서 조종사에게 현재고도를 확인시키고, 지정한 고도와의 차를 알려주어서 현재 고도를 오인하는 위험을 사전에 방지하기 위한 장치

③ 대지접근 경보장치(GPWS, Ground Proximity Warning System)

항공기 지면에 이상접근, 즉 강하율 과도, 지형 접근율 과도, 착륙지형이 아닌 상태에서 착륙할 때 사전경보

④ 전단풍 탐지장치(Windshear Detection And Recovery System)

이착륙시 전단풍에 의한 사고를 방지하기 위하여 전단풍을 감지하게 되면 조종사에게 경보 및 회피를 지시하는 경보장치로 전파고도 1,500 ft 이하에서 작동한다.

(4) 착륙 유도장치(ILS, Instrument Landing System)

① 계기착륙 유도장치(ILS), 마이크로파 착륙 시스템(MLS, Microwave Landing System)과 인공위성을 이용한 차분 GPS 방식(DEPS, Differential GPS) 등이 사용되며 DGPS는 MLS보다 저가격이고 ILS와 같은 설치의 어려움이 없는 장점 때문에 착륙유도장치로 유망하다.

※ 교과서 표 6-8 : ILS/MLS의 특성비교

② 정밀진입 레이더(PAR, Precision Approach Radar)
방위(Azimuth)와 고도(Elevation)를 입체적으로 주사하는 2개의 안테나 주사빔을 발사하며, 지상 관제사가 레이더 디스플레이 장치에 표시되는 정보를 무선통신을 이용하여 항공기에 전달하고 조종사가 최적의 진입로와 강하로를 따라 착륙할 수 있도록 유도하는 방식이다.

(5) 비행기록장치

① 각종 운항 데이터를 기록, 저장하여 사고시에 원인을 규명하는데 기여하고 또한 운항시의 각종 정보를 따로 기록하여 비행 완료 후 점검, 분석하여 표준운항체계나 경제적으로 운항관리 및 각종 시스템의 분석자료로 활용할 목적으로 기체 내에 운항기록장치를 설비한다.

② 종류는 다음과 같다.

㉠ 비행기록장치(FDR, Flight Data Recorder),

㉡ 조종실 음성기록장치(CVR, Cockpit Voice Recorder),

㉢ 신속접속용 운항 기록장치(QAR, Quick Access Recorder),

㉣ 비행영상 데이터 기록장치(FVDR, Flight Video Data Recorder)

비행제어/관리 시스템

(1) 자동조종장치(Auto Pilot)

① 초기의 자동조종장치는 자이로를 이용하여 비행기를 수평으로 복원시키거나 난기류 및 자세가 변화되었을 때 자동으로 자세를 안정시키는 시스템으로 시작하여

② 항공기가 고속, 대형화됨에 따라 장거리 비행중에 거리나 속도에 따른 조종사가 느끼는 특성변화나 고도유지, 무게에 따른 일정속도를 자동으로 보정하고

③ 각종 센서나 관리 시스템의 발달로 자동으로 목적지까지 유도하거나 자동 착륙시킬 수 있는 장치로 발달하였다.

④ 자동조종장치는 다음의 세 가지 시스템을 갖추고 있다.

㉠ 고장이 날 경우 바로 수동 mode로 전환시키는 fail safe system

㉡ 제어 시스템을 병렬로 구축하여 하나가 고장나면 다른 하나가 제어를 담당하는 fail

passive system

㉢ 3개 이상의 제어 채널을 이용하여 한 개가 고장나더라도 중간치를 사용하는 fail operational system

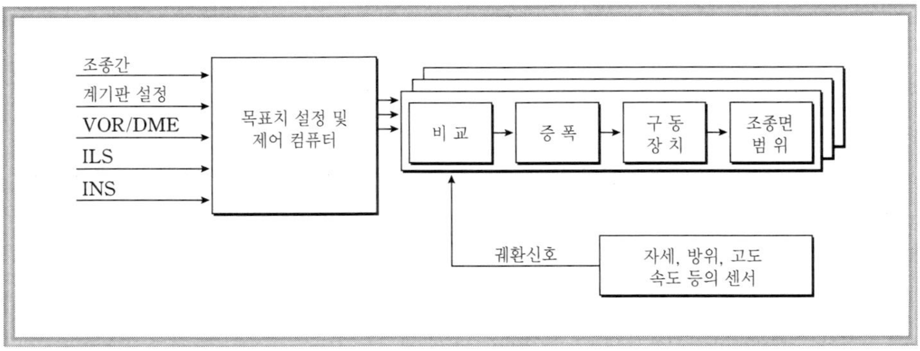

그림 6-6 **자동조종장치의 구성**

⑤ 자동조종장치의 대표적인 구성은

㉠ 자동비행제어 시스템(AFCS, Automatic Flight Control System)

㉡ 마하트림 보상장치(MTC, Mach Trim Compensator)

㉢ 요 댐퍼(Yaw Damper) 시스템

㉣ 추력관리 시스템(Auto Throttle System)

㉤ 비행관리 시스템(FMS, Flight Management System)

㉥ 성능관리 시스템(PMS, Performance Management System) 등이 있다.

⑥ 정밀한 신호처리를 위하여 전기신호제어(FBW, Fly-By-Wire)나 광신호제어(FBL, Fly-By-Light) 방식을 사용하고 있다.

(2) 운항관리 시스템(FMS, Flight Management System)

① 조종사의 각종입력(사전비행계획 등)과 비행지원, 항법지원 시스템의 다양한 정보(위치, 속도, 자세, 방위, 중량과 연료량 등)를 기초로 조종계통과 엔진계통의 진동제어에 필요한 최적정보를 산출, 제공하는 역할을 한다.

② 운항관리 컴퓨터(FMC, Flight Management Computer)와 이를 시시각각으로 표시하여 주는 다중시현기(MCDU, Multi-function Control Display Unit)로 구성되어 있다.

(3) 전기신호제어(FBW, Fly-By-Wire)

① 기존의 기계식 조종장치를 전기신호로 전환하여 전기, 전자 및 컴퓨터 시스템과 유압계통의 장비로 대체하여 기계식이 아닌 전기식으로 조종하는 장치

② FBW 항공기의 유압작동기는 각각의 조종면에 대해 2차 서보 작동기, 1차 조종면 작동기의 기능을 통합시킨 통합 서보 작동기(ISA, Integrated Servo Actuactor)가 사용된다.

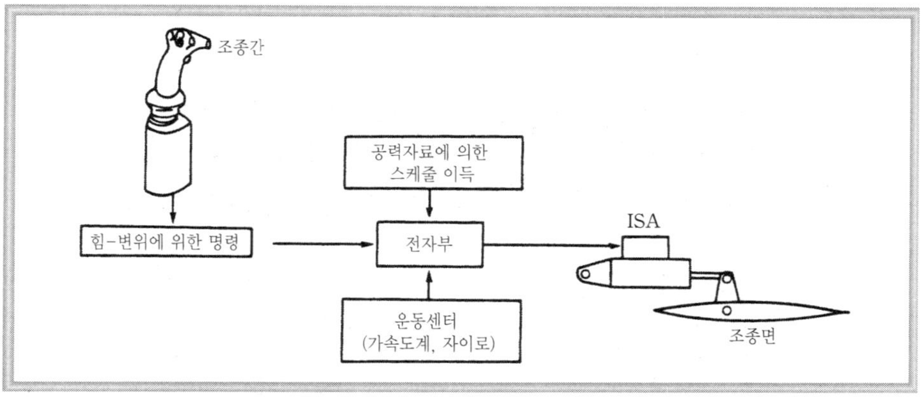

그림 6-7 **전기신호 조종계통(FBW)**

(4) 기타 엔진제어, 정비관리 시스템

① 엔진 시스템에 마이크로 프로세서를 이용하여 시동, 가 · 감속, 정상운전, 정지에 이르기까지 전 상태를 전자적으로 제어함

② 엔진관련 전자 시스템으로 전자식 엔진제어(EEC, Electronic Engine Control), FADEC(Full Actuating Digital Engine Control) 등이 대표적임

③ 정비분야에도 다양한 방법으로 시스템 상태를 파악하는 장치들이 등장하였으며 이들 장비는 MAT(Maintenance Access Terminal), 이동용 PMAT(Portable MAT), CMS(Central Maintenance System)와 OMS(Onboard Maintenance System) 등이 있다.

CNS/ATM
(Communication Navigation Survelliance/Air Traffic Management)

ICAO에서 추진하고 있는 새로운 개념의 항행지원 시스템으로서 음성통신에서 데이터통신으로의 전환과 기존 장비의 정밀도 개선, 새로운 장비의 적극적 도입과 함께 전 세계적인 항공통신망(Aeronautical Telecommunication net work) 구축을 통하여 기존의 분리된 CNS(통신항법감시)개념을 통합된 시스템으로 구성하는 계획이며, 2010년 이후 실용화될 계획이다.

7 항공기 계기 및 계통

그림 7-1 B747 여객기의 조종실

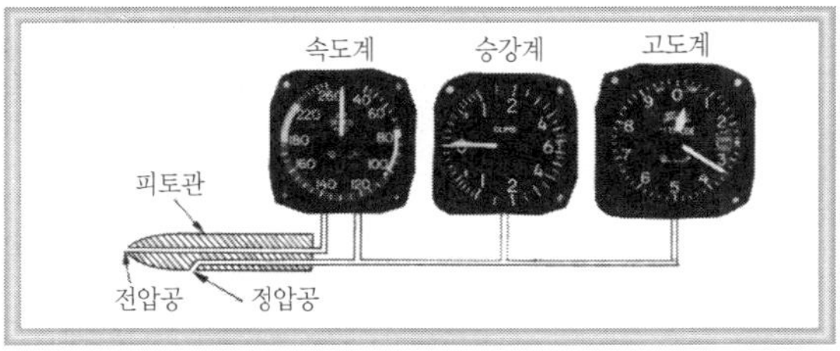

그림 7-2 피토관에 연결된 계기들

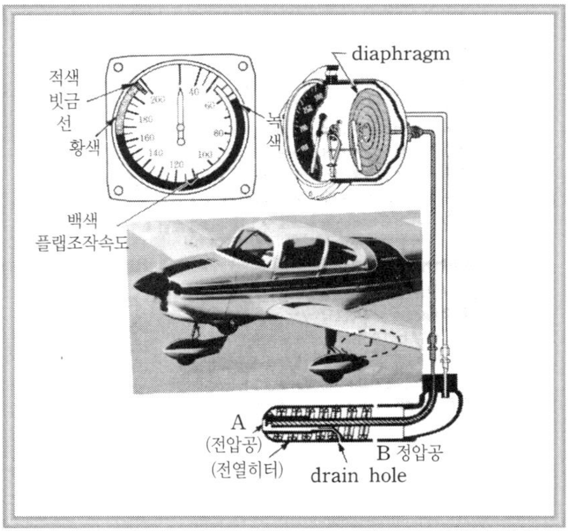

그림 7-3 피토관에 연결된 속도계

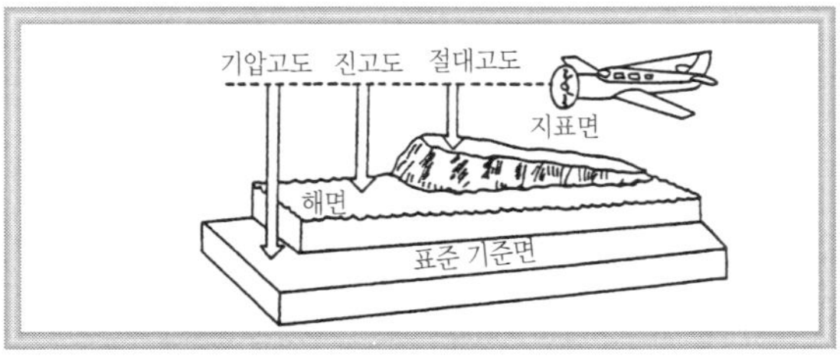

그림 7-4 고도의 종류

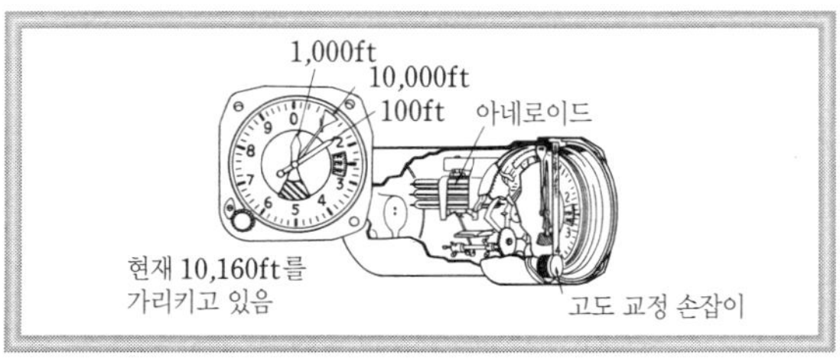

그림 7-5 고도계

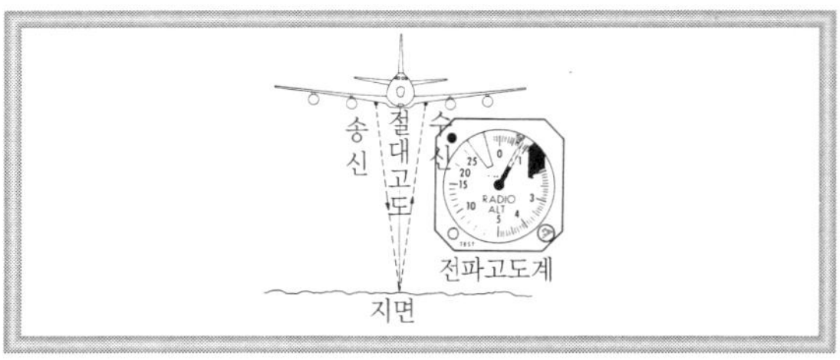

그림 7-6 전파고도계의 원리

그림 7-1 • B747 여객기의 조종실

- 항공계기는 비행계기, 동력계기, 항법계기 등으로 구성되어 있다.
- B747 여객기의 조종실에는 조종사가 비행계기(속도계, 고도계, 수평지시계, 방향지시계)를 바로 볼 수 있도록 T형으로 배치되어 있다.
- 동력(엔진) 계기는 중앙에 배치되어 있다.

그림 7-2 • 피토관에 연결된 계기들

- 피토(pitot)관과 연결된 계기에는 속도계, 승강계, 고도계가 있다.

그림 7-3 • 피토관에 연결된 속도계

- 계기판의 색표시
  ① 적색 빗금선 : 최소, 최대운전범위
  ② 녹색 : 안전범위(순항범위)
  ③ 황색 : 경계 및 경고
  ④ 백색 : 플랩조작속도
- 속도계는 P_T(전압)과 P(정압)을 측정하여 다음 식으로 속도 구함
  $P+\frac{1}{2}\rho V^2=P_T \qquad V=\sqrt{\frac{2(P_T-P)}{\rho}}$
- 피토관은 흐름의 교란이 없는 곳에 장착

그림 7-4 • 고도의 종류

- 기압고도 : 기압의 변화에 따른 고도
- 진고도 : 기압고도 − 해면의 기압고도
- 절대고도 : 지표면에 대한 상대고도
  (전파고도계로 측정)

그림 7-5 • 고도계

- 피토관의 정압을 아네로이드(내부가 진공으로 된 밀폐용기)에서 감지하여 고도를 지시
- 표준대기조건 : 고도＝0 ft일 때
  기압이 29.92″ Hg
  (14.7psi)

그림 7-6 • 전파고도계의 원리

- 항공기에서 지면에 전파를 발사하여 수신하는데 소요되는 시간을 측정하여 절대고도를 산출

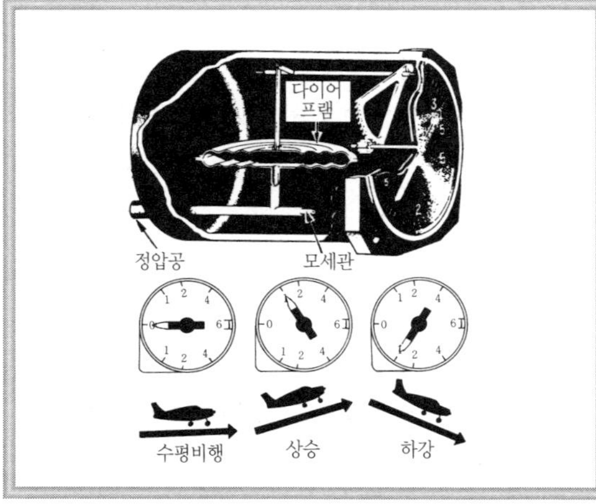

그림 7-7 **승강계**

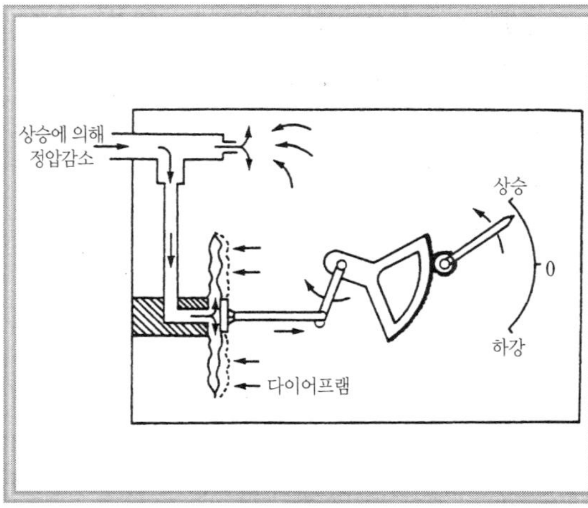

그림 7-8 **승강계의 원리**

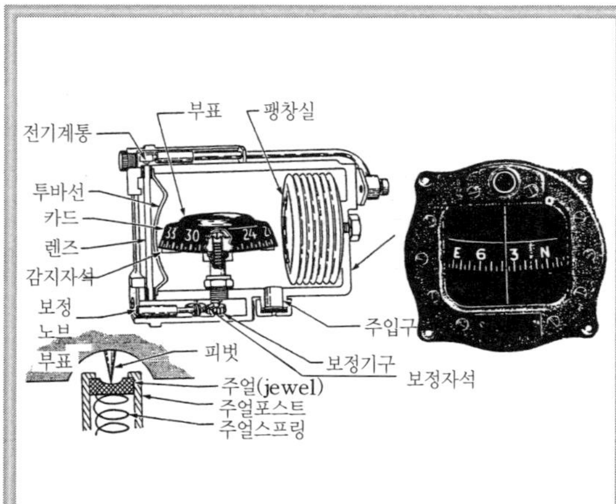

그림 7-9 **자기컴퍼스의 구조**

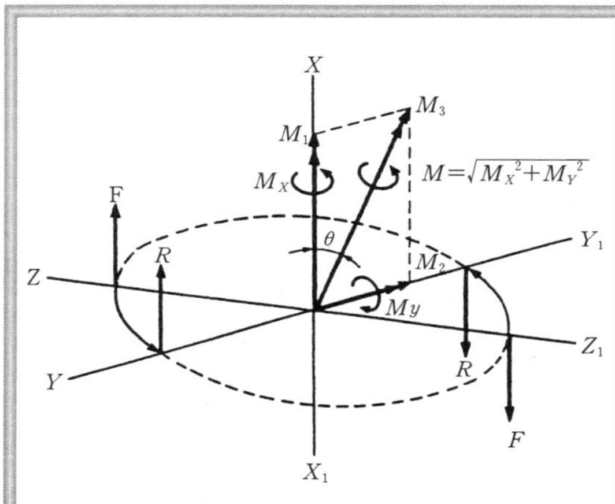

그림 7-10 **자이로의 섭동성**

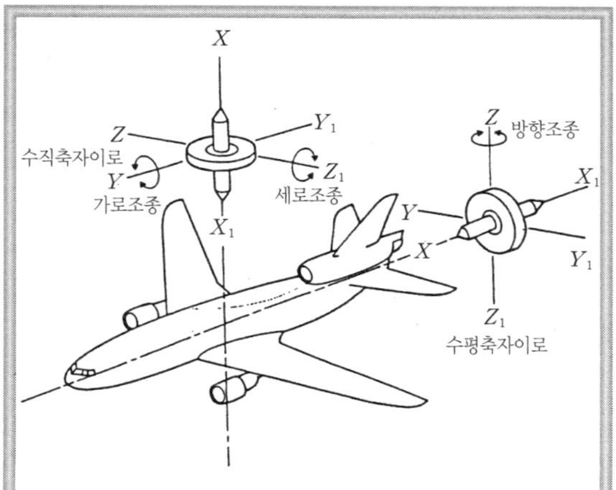

그림 7-11 **수직축 자이로와 수평축 자이로**

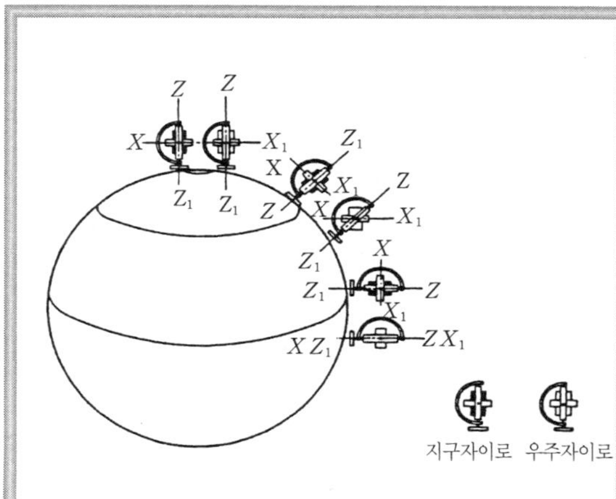

그림 7-12 **지구자이로와 우주자이로**

그림 7-7 • 승강계

- 계기 내부에는 정압구멍(static hole)과 모세관으로 연결되어 있음.
- 항공기가 상승, 하강하는 수직속도를 ft/min으로 표시

그림 7-8 • 승강계의 원리

- 항공기가 상승 또는 하강할 때 계기 내부는 피토관에서 유입된 정압의 압력차에 의하여 다이어프램이 팽창 또는 수축함에 따라 상승 또는 하강을 지시

그림 7-9 • 자기컴퍼스(magnetic compass)의 구조

- 지자기에 의한 방위를 지시
- 컴퍼스 오차 :
  ① 자차(deviation)
  ② 북선오차(northery turning error)
  ③ 와동 오차(turbulence error)
  ④ 가속도 오차(acceleration error)
- 지자기의 3요소 :
  ① 편각 : 지리학상의 북극의 진북과 자기에 의한 북극인 자북에 따른 자오선들의 사이각
  ② 복각 : 지자기의 자력선이 수평면에 대해 갖는 경사각
  ③ 수평분력 : 지자기의 자력선중, 수평성분으로서의 영구자석은 이 힘에 따라 회전위치가 정해짐

※ 진방위(true heading), 자방위(magnetic heading)

그림 7-10 • 자이로의 섭동성

자이로계기 : 선회경사계, 수평지시계, 방향지시계

- 자이로의 특성 :
  ① 강직성(rigidity) : 우주공간에서 자세를 계속적으로 유지하려는 성질
  ② 섭동성(precession) : 외력이 가해질 때 가해진 점에서부터 rotor 회전방향으로 90° 인 지점에서 그 작용력이 나타나려는 성질

X_1X : 자이로 회전축　ZZ_1 : 전향축(axis of veer)　M_x : gyro의 회전모멘트,
M_y : 외력 F에 의한 회전모멘트　M : 합성모멘트
R : 힘 F를 가하면 rotor 회전방향으로 90°인 지점에 생기는 작용력　F : 외력

그림 7-11 • 수직축 자이로와 수평축 자이로

- 수직축 자이로 :
  자이로 수평지시계에 연결되어 pitch와 roll 자세 지시
- 수평축 자이로 :
  자이로 방향지시계에 연결(비행방향지시)

그림 7-12 • 지구자이로와 우주자이로

- 우주자이로(space gyro)를 지구 중심 방향을 향하도록 자립조절 → 지구자이로(earth gyro)가 됨

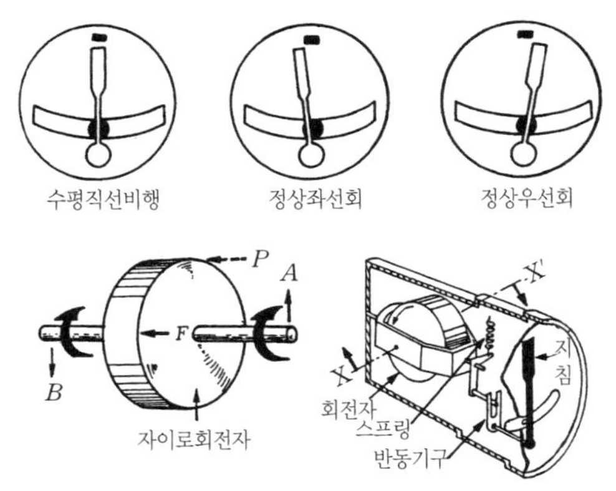

그림 7-13 **선회경사계**

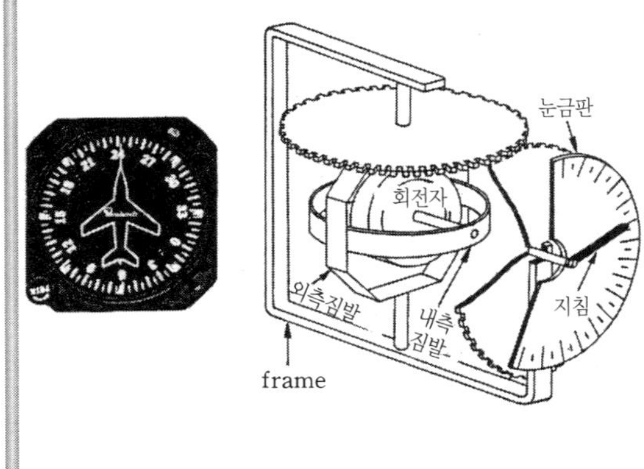

그림 7-14 **자이로 방향지시계**

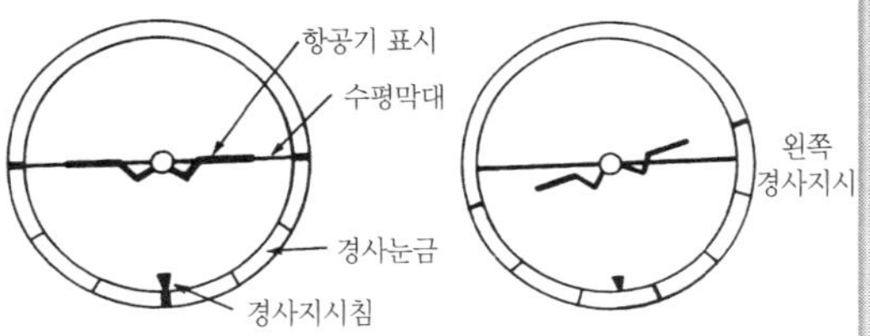

그림 7-15 **자이로 수평지시계의 지침**

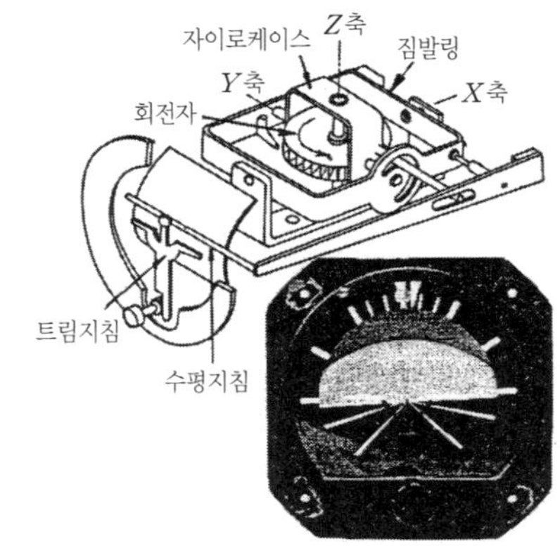

그림 7-16 **자이로 수평지시계**

그림 7-17 **엔진회전계**

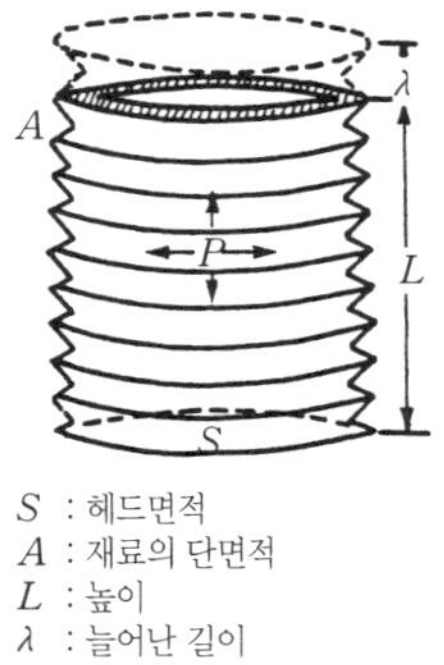

그림 7-18 **벨로스**

그림 7-19 **버든관**

그림 7-13 • 선회경사계

- 선회계 :
  선회각속도 지시(gyro의 섭동성 이용)
- 경사계 :
  원호로된 유리관 내에 damping액을 채우고 유리구 삽입

그림 7-14 • 자이로 방향지시계 (directional gyro indicator)

- 선회방향(방위각) 지시
- gyro의 강직성을 이용하여 섭동작용에 의한 항공기의 방위를 지시
- 항공기가 어떤방향으로 선회하면 gyro의 강직성에 의하여 벗어난 방향을 지시

그림 7-15 • 자이로 수평지시계의 지침

- 비행중에 항공기의 지면에 대한 자세, 즉 기수의 상하 좌우의 경사를 지시함

그림 7-16 • 자이로 수평지시계 (gyro horizon indicator)

- 자이로의 강직성을 이용하여 항공기의 자세를 표시
- 직립장치에 의하여 자이로의 회전축은 항상 지구 중력 방향을 향함(지구자이로)

그림 7-17 • 엔진 회전계

엔진회전계(tachometer 또는 rpm gauge)

- 회전속도에 따르는 원심력, 전기자기력등을 이용하여 회전수를 지시
- 왕복기관 : 크랭크축의 회전수(rpm) 지시
- 제트기관 : 압축기(compressor)축의 회전수를 최대출력 회전수의 백분율로 표시
- 종류
  와전류식 : 소형기
  전기식 : 대형기
  원심력식 : 소형기

그림 7-18 • 벨로스

- 압력
  절대압력 : 게이지압력+대기압력
  게이지압력을 많이 사용
- 벨로스(bellows)의 압축, 팽창에 의한 압력 지시

그림 7-19 • 버든관

- 버든관(bourdon tube) 내부에 유체가 유입되어 압력이 전달되면 관이 직선으로 변위되려는 정도를 압력으로 표시

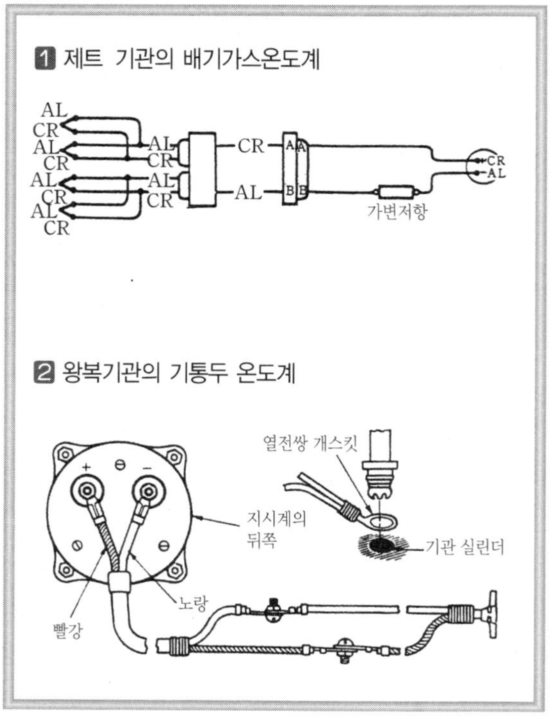

그림 7-20 **열전대식 온도계**

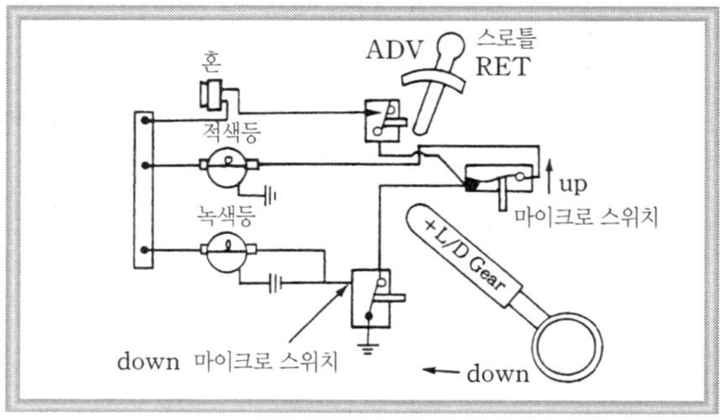

그림 7-21 **착륙장치 경고계통**

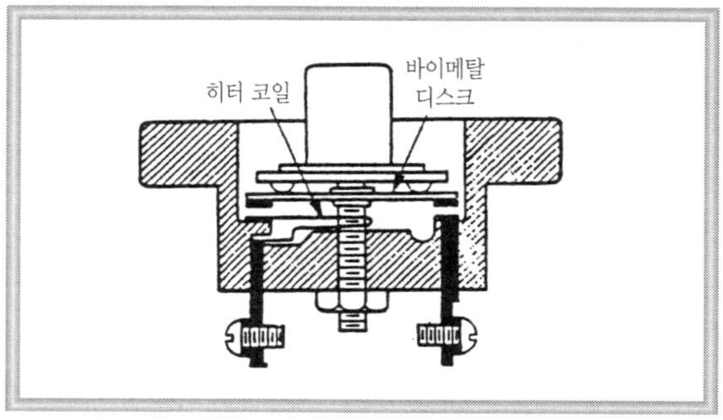

그림 7-22 **회로차단기**

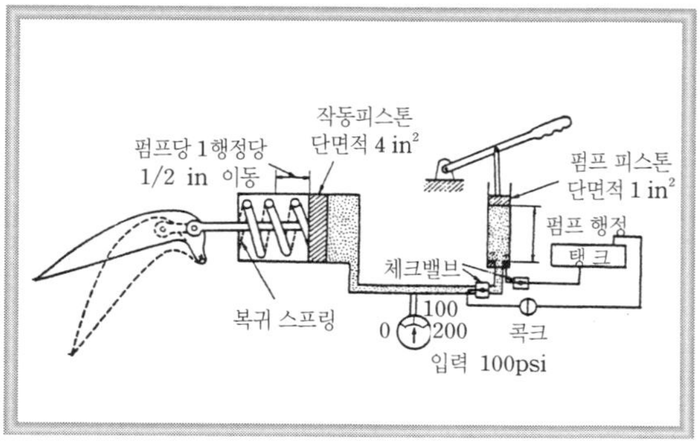

그림 7-23 **수동식 유압계통**

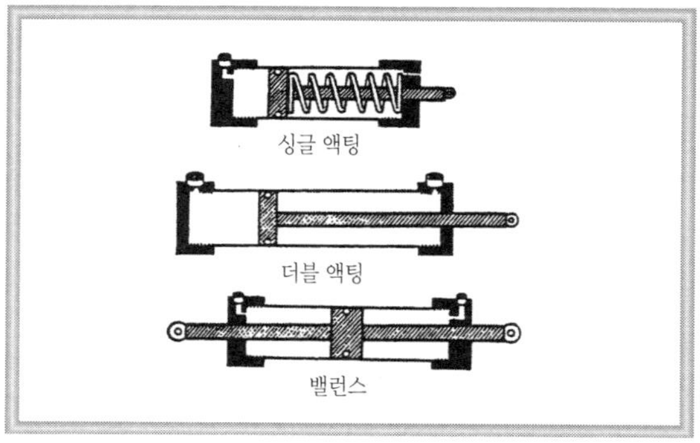

그림 7-24 **작동실린더**

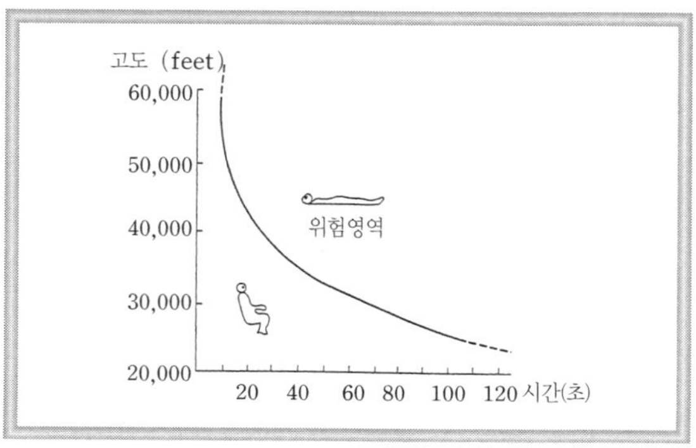

그림 7-25 **무산소증**

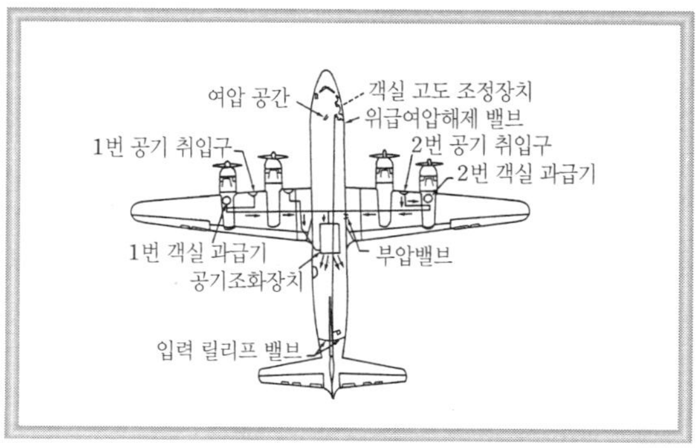

그림 7-26 **항공기의 여압계통**

그림 7-20 • 열전대식 온도계

- 온도 측정 방법
  ① 바이메탈(bimetal)식 온도계
  ② 증기압력식 온도계
  ③ 전기저항식 온도계
  ④ 열전대 : 두 개의 다른 금속이 온도차에 의하여 전류가 생기는 것을 이용하여 온도 측정

1 제트기관의 배기가스 온도계 : AL(아르메르)와 CR(크로메르) 금속
2 왕복기관의 기통두 온도계 : 철 – 콘스탄탄

그림 7-21 • 착륙장치 경고계통

- 경고계통 : 착륙장치(up, down), 연료 윤활유, 객실내의 압력강하, 화재 경보
- 방법 : Buzzer, Horn, Lamp
- 방식 : micro switch, 서미스터(thermister) 사용

그림 7-22 • 회로차단기

- 전기계통
  직류전원 : 축전지(24V)와 직류발전기 (28V, 50~400A)
  교류전원 :
  ① 기상교류발전기(115V, 400Hz)
  ② inverter에 의해서 직류를 교류로 변환
- 과전류시 회로차단기 작동

그림 7-23 • 수동식 유압계통

- 용도 : 조종면의 변위, 착륙장치 작동, 제동장치, 앞바퀴 조향, 자동조종 장치에 사용
- 작동원리 : Pascal의 법칙
- 작동유 : 식물성유, 광물성유, 인조유(synthetic base fluid) → 비행기에 사용
- 유압작동 : 수동식과 동력식

그림 7-24 • 작동실린더

- single acting
- double acting
- balance

그림 7-25 • 무산소증

- 객실여압
- 10,000ft 이상의 고도에서 장시간 있으면 무산소증
- 객실고도 : 여객기의 순항고도인 30,000ft~40,000ft에서 객실 내의 압력을 8,000ft(객실고도)의 기압(10.92psi)에 맞게 유지

그림 7-26 • 항공기의 여압계통

- 공기조화계통
  항공기 엔진으로 직접송풍기 구동 또는 제트엔진의 압축기로부터 압축공기(bleed air)를 사용하여 여압 및 공기 조화시킴

8 헬리콥터

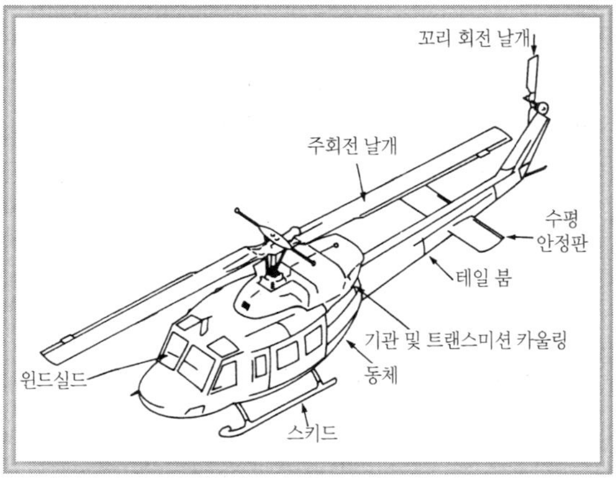

그림 8-1 **헬리콥터 각부의 명칭**

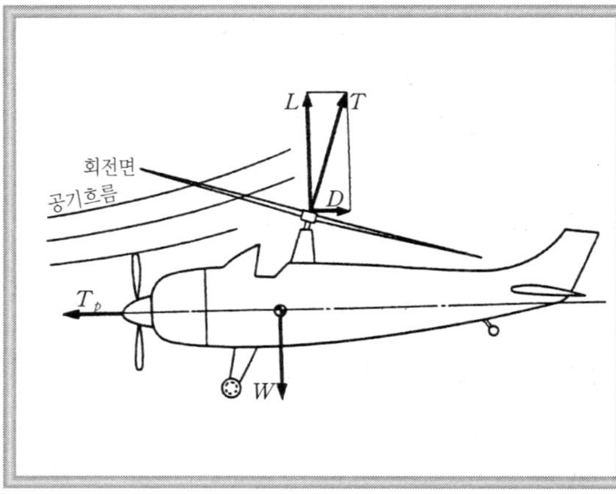

그림 8-2 **오토자이로**

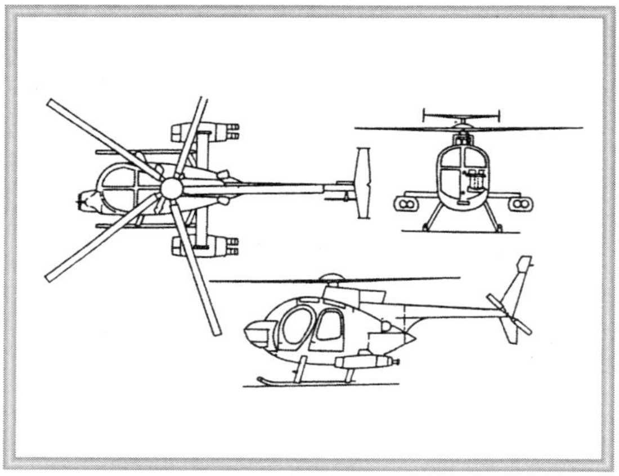

그림 8-3 **단일 회전날개 헬리콥터**

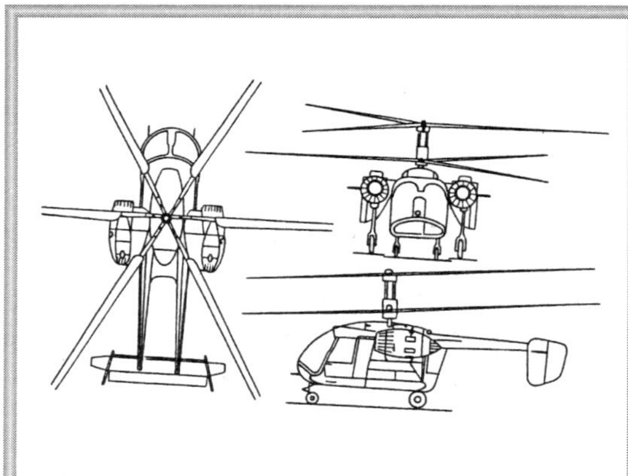

그림 8-4 **동축 역회전식 회전날개 헬리콥터**

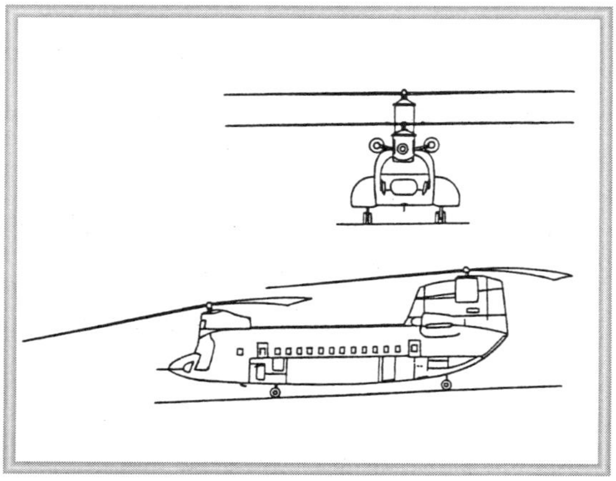

그림 8-5 **직렬식 회전날개 헬리콥터**

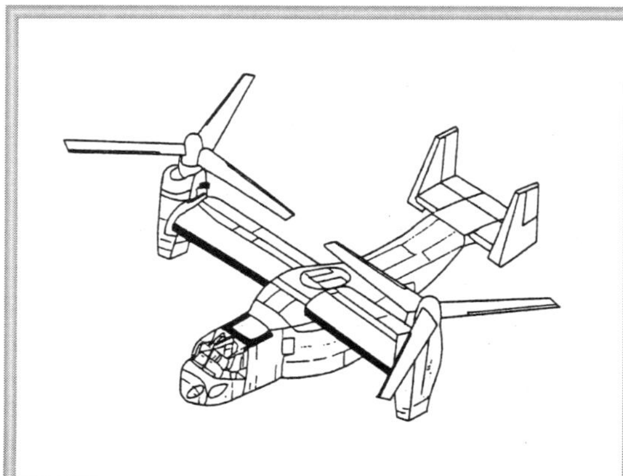

그림 8-6 **경사로터 비행기**

그림 8-1 • 헬리콥터 각부의 명칭

- 헬리콥터는 회전익 항공기에 속하며 고정익 비행기와는 달리 날개가 회전하면서 양력과 추진력을 얻는다.
- 헬리콥터는 공중에서 정지(hovering), 수직으로 이착륙, 전진, 후진, 비행을 할 수 있다.
- 주회전날개(main rotor)에 의한 기체의 토크를 상쇄하기 위하여 꼬리 회전 날개(tail rotor)가 있다.

그림 8-2 • 오토자이로(autogyro)

- 1920년 시에르바(Cierva)가 최초로 개발하였다.
- 오토자이로는 동력이 없는 회전 날개로 비행기가 전진함에 따라 생기는 공기력으로 날개를 회전시키고 양력을 얻는다.
- 오토자이로는 헬리콥터 개발에 기초가 되었다.

그림 8-3 • 단일 회전날개 헬리콥터

- 하나의 주회전 날개와 꼬리 회전 날개를 가지고 있는 가장 기본적인 형식이다.
- 주회전 날개가 하나이므로 조종계통이 단순하고 고장이 적다. 단점은 꼬리 날개는 양력을 발생치 않고 구동하는데 동력이 소요된다.

그림 8-4 • 동축 역회전식 회전날개 헬리콥터

- 동일축 주위에 2개의 주회전날개가 서로 반대방향으로 회전한다.
- 주회전 날개에 의한 토크가 서로 상쇄되고 조종성이 좋다.
- 조종기구가 복잡하고 회전날개의 와류가 서로 간섭효과를 일으켜 성능이 저하된다.

그림 8-5 • 직렬식 회전날개 헬리콥터 (tandem rotor helicpter)

- 2개의 회전날개를 앞뒤로 배열
- 세로 안정성이 좋고 무게중심이동이 적어 무거운 물체의 운반에 적합
- 두 개의 주회전 날개에 의한 흐름의 간섭효과로 유도손실이 생긴다.

그림 8-6 • 경사로터 비행기

- 옆으로 2개의 회전날개를 배치한 병렬식은 가로 안정성이 좋고 기체의 길이를 짧게 할 수 있다.
- 앞에서 본 단면적이 커서 비행중에 항력이 커지고 무게 중심의 세로방향이동이 제한을 받으므로 대형기에는 부적합
- 경사로터 비행기는 이것과 유사한 기능을 가지고 있는 비행기이다.

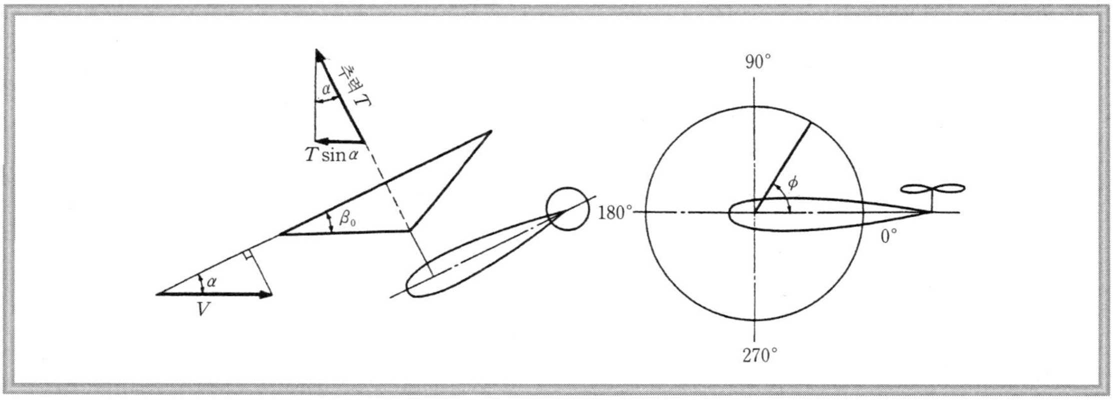

그림 8-7 **전진 중 회전날개에 작용하는 힘의 성분**

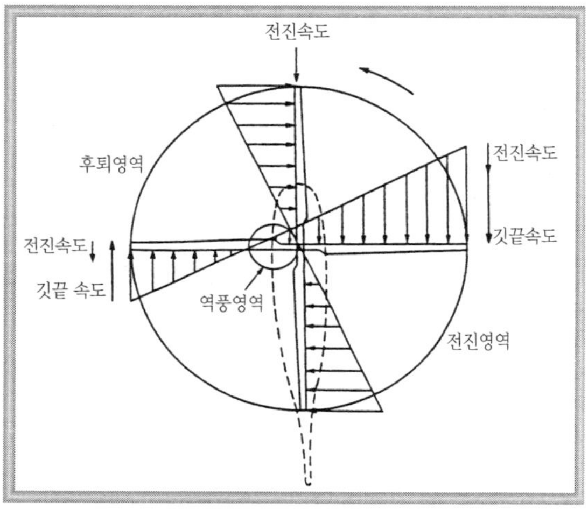

그림 8-8 **회전날개의 속도분포**

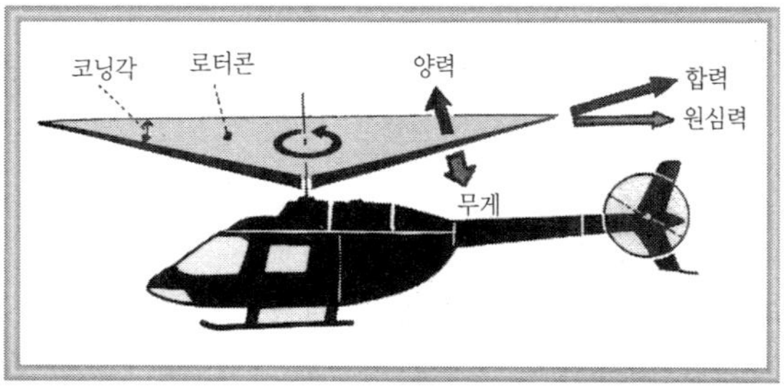

그림 8-9 **회전날개에 작용하는힘과 코닝각**

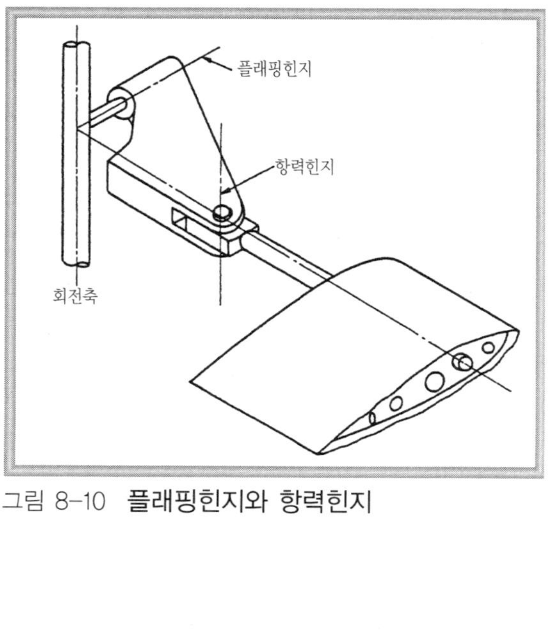

그림 8-10 **플래핑힌지와 항력힌지**

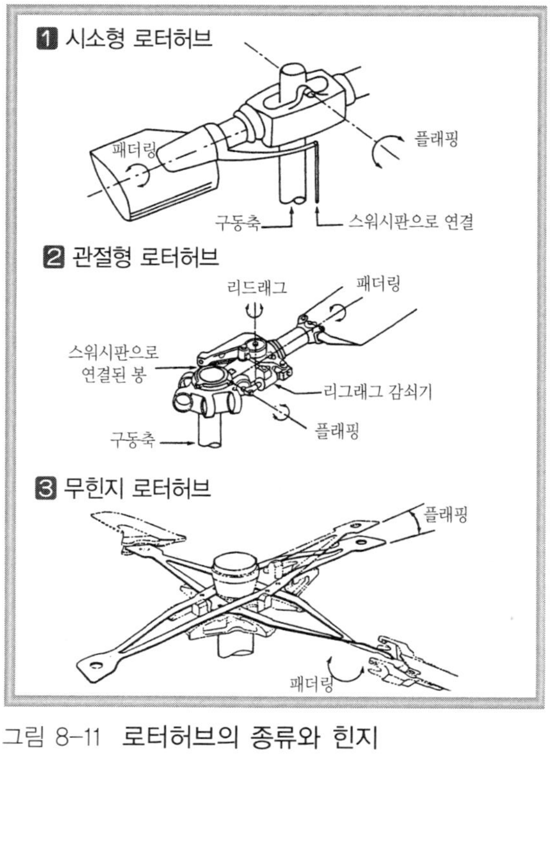

그림 8-11 **로터허브의 종류와 힌지**

그림 8-7 • 전진 중 회전날개에 작용하는 힘의 성분

- 전진방향과 주 로터의 회전면과 이루는 각을 받음각(α)이라 한다.
- 전진비행의 경우에 방위각 $\phi=0°$에서 주회전 날개의 pitch가 최대가 되고, $\phi=180°$에서 최소되어 헬리콥터는 앞으로 기울어지고 추력의 진행방향 성분 $T\sin\alpha$가 헬리콥터를 전진시킨다.

그림 8-8 • 회전날개의 속도분포

- 회전날개에 유입되는 흐름속도는 방위각 $\phi=90°$일 때 최대로 되어 양력이 가장크고 $\phi=270°$때 속도가 최소가 되어 양력이 제일 작아진다.
- 이러한 이유 때문에 로터를 기체에 고정시키면 진동이 생기므로 깃이 마음대로 움직이도록 힌지(hinge)로 연결한다.

그림 8-9 • 회전날개에 작용하는 힘과 코닝각

- 회전날개가 기체에 연결되는 부분은 회전시 기체의 진동을 없애기 위하여 힌지식으로 되어 있다.
- 이러한 이유 때문에 회전날개가 회전할 때 방위각(ϕ)에 따라 양력의 차이가 생기므로 회전날개는 상하운동(flapping)과 앞뒤(lead-lag)로 움직이며 회전한다.
- flapping을 할 때 회전면과 원추모서리가 이루는 각을 코닝(coning)각 β_0이라 한다.

그림 8-10 • 플래핑힌지와 항력힌지

- 회전날개가 회전하면서 상하방향으로 자유롭게 움직이도록 연결된 부분을 플래핑힌지라 한다.
- 회전날개의 위치에 따라 흐름속도의 차이로 항력이 달라져서 회전날개의 깃은 앞, 뒤(lead-lag)로 움직이며 이 연결 부분을 drag hinge(또는 lead-lag hinge)라 한다.

그림 8-11 • 로터허브의 종류와 힌지

- 플래핑힌지의 연결부가 있는 로터허브의 종류는 다음과 같다.
  ① 시소(see-saw)형 : 플래핑힌지와 구동축의 중심이 일치한다.
  ② 관절형 : 구동축의 중심과 플래핑힌지가 불일치하며 힌지 간격만큼 떨어져 있다.
  ③ 무힌지(hingeless)로터 : 구조가 간단하고 수명이 길다.(복합재료의 방향성 이용)
- 패더링힌지(feathering hinge)는 회전날개의 깃각(pitch각)을 변경시키는 장치이다.

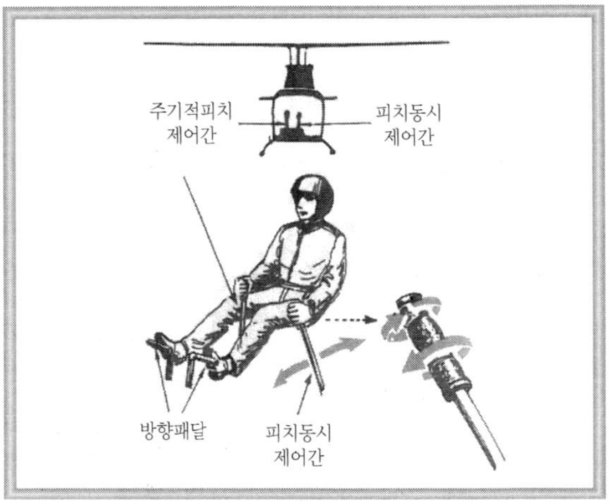

그림 8-12 헬리콥터의 조종

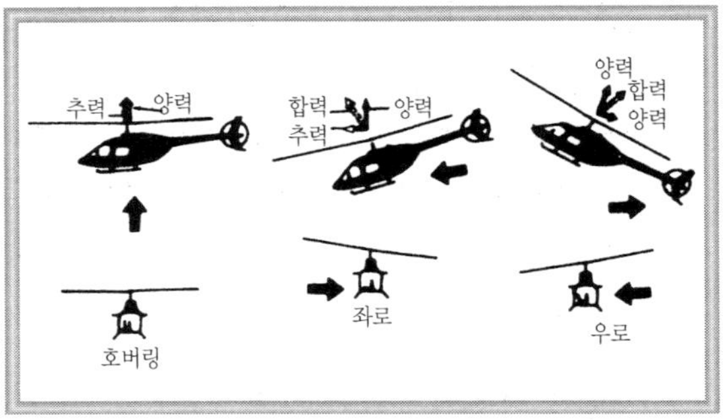

그림 8-13 헬리콥터의 운동

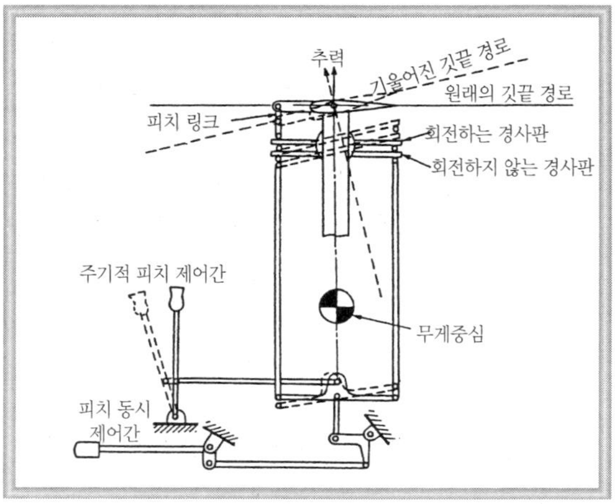

그림 8-14 회전경사판과 조종간

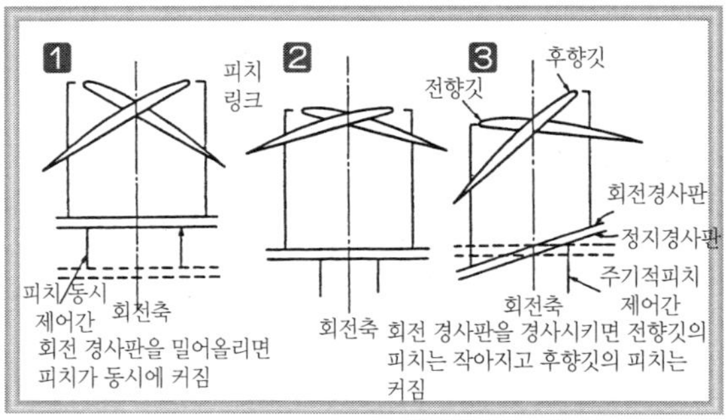

그림 8-15 회전경사판과 피치의 변환

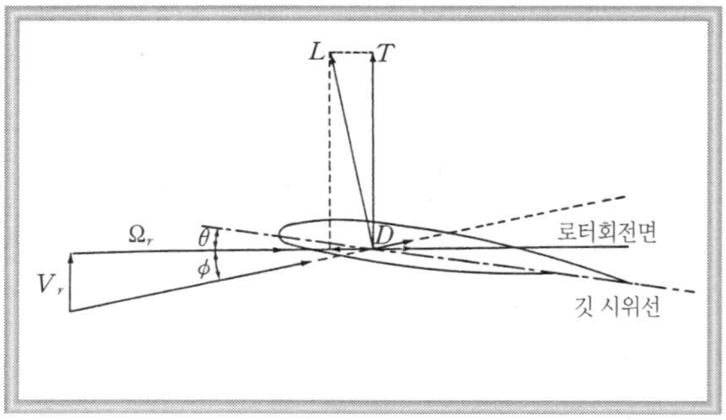

그림 8-16 자동회전시의 깃 상태

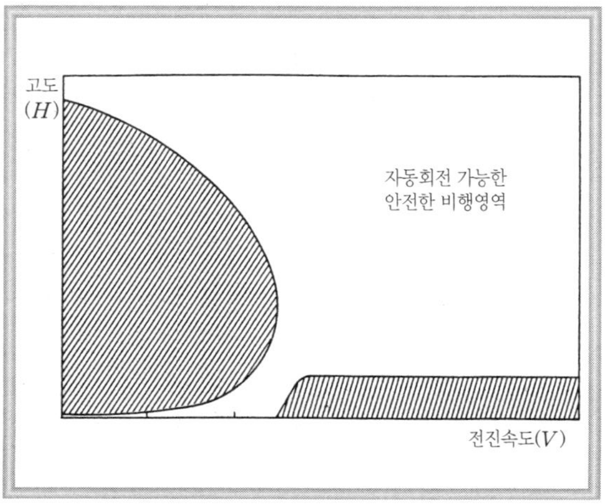

그림 8-17 헬리콥터의 $V-H$ 선도

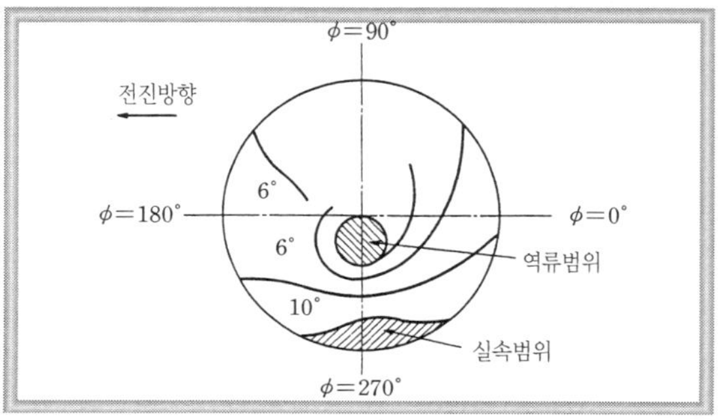

그림 8-18 역류범위

그림 8-12 • 헬리콥터의 조종

- 조종간에는 주기적 피치제어간(cyclic pitch control lever)과 피치동시제어간(collective pitch control lever)이 있다.
- 전진, 후진, 횡진은 주기적 피치제어간을 해당 방향으로 기울이면 된다.
- 피치동시제어간을 올리고 내리면 main rotor의 깃 전체의 피치각을 동시에 크고 작게하여 기체를 수직으로 상승 또는 하강시킨다. 손잡이에 출력조절 핸들이 있다.
- 방향페달 : tail rotor의 피치를 바꾸어서 기수의 방향을 전환시킴

그림 8-14 • 회전경사판과 조종간

- 주기적 피치제어간을 앞으로 밀면 회전경사판(swash plate)이 앞으로 기울고 로터깃과 연결된 피치링크가 깃각(피치각)을 변화시킨다.
- swash plate는 2개의 판으로 되어 있고 위쪽의 1매는 로터깃과 같이 회전하고 밑의 1매는 정지되어 있어서 제어간과 연결이 되어 있다.
- 피치동시제어간을 올리고 내리면 main rotor 깃의 피치각을 동시에 크고 작게 한다.

그림 8-17 • 헬리콥터의 *V*-*H* 선도

- 엔진이 공중에서 정지한 경우에 안전하게 착륙할 수 있는 비행영역을 고도(H)와 속도(V)로 나타낸 선도이다.
- 그림에서 빗금친 영역에서는 자동회전이 불가능한 비행영역이다.

그림 8-13 • 헬리콥터의 조종

- 주기적 피치제어간이 중립에 있으면 정지비행(hovering) 상태이다.
- 주기적 피치제어간을 앞으로 밀면 기체는 앞으로 기울어지면서 전진하고 뒤로 당기면 후진, 좌로 밀면 좌진, 우로 밀면 우진한다.

그림 8-15 • 회전경사판과 피치의 변화

1 피치동시제어간을 위로 올리면 피치링크(pitch link)가 로터깃의 앞쪽을 들어 올려서 피치각을 크게 한다.

2 피치동시제어간을 내리면 로터깃의 앞쪽이 내려가서 피치각은 작아진다.

3 주기적 피치제어간을 기울이면 후향깃의 피치각은 커지고 전향깃의 피치각은 작아진다.

그림 8-16 • 자동회전시의 깃 상태

- 공중에서 엔진이 정지했을 때 회전날개를 자동회전시켜 안전하게 지상에 내릴 수 있다. (강하속도 : 6~7m/s)
- 깃의 받음각은 수직하강속도(V_r)에 의한 각 ϕ와 깃단면이 갖는 깃각 θ와의 합이 된다.
- 이때 합성흐름에 수직방향으로 양력(L)이 생기는데 이 양력의 수평분력은 로터를 계속 회전시키고 수직분력(T)은 강하시 저항력을 준다.

그림 8-18 • 역류범위

- 헬리콥터는 다음 이유 때문에 고속비행을 할 수 없고 수평최대속도 한계가 약 300km/h가 된다.
  ① 후진하는 깃 뿌리의 역류 범위
  ② 후진하는 깃의 익단 실속
  ③ 전진하는 깃 끝의 마하수 영향

9 항공기 운항

운항방식

① 시계비행 방식(VFR, Visual Flight Rule)
② 계기비행 방식(IFR, Instrument Flight Rule)

※ 시계비행을 위한 최소의 기상은 운고 1,000ft 이상, 시정 3m 이상, 그 이하로 기상이 나쁠 때는 계기비행

※ 계기비행에 필요한 계기 : 속도계, 고도계, 자세계, 승강계, 방향 지시계, 선회계

비행계획

비행계획시 조종사가 준비하고 확인할 사항

① 기상 ② 항공고시보(NOTAM) ③ 항공용 차트
④ 비행계획서 ⑤ 무게와 평형 ⑥ 탑재연료 등

(1) 기상

① 바람 : 수직기류(상승기류, 하강기류)

※ 평균풍속이 1Knot 미만 : 무풍(calm)
평균풍속에서 수초 동안 10Knot 이상 차이 : 돌풍(gust)
평균풍속에서 수분 동안 차이 : 질풍(squall)

※ 지균풍(geostophic wind)과 전단풍(shear wind)

② 기압

㉠ 해면에서의 표준대기 :
기압=760mmHg, 온도=15℃, 온도체감율=−6.5℃/1000m

㉡ 기압고도계 : 아네로이드 압력계(표준대기압 지시)

※ 항공기와 지표사이의 기온에 따라 실제고도가 달라진다.
기압고도계에 의한 고도와 실제고도(진고도)와의 차이를 고도계지시 차라 한다.

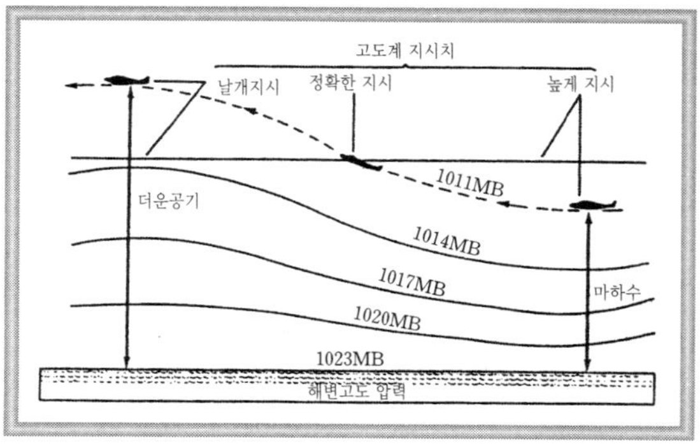

그림 9-1 기압고도계 지시의 차이

③ 구름과 안개

㉠ 구름의 형태

난운(nimbuss), 층운(stratus), 적운(cumulus), 권운(cirrus)

※ 구름에 따른 하늘의 상태 : 교과서 표 9-1

㉡ 운고(ceiling) : 전체 하늘의 5/8 이상이 구름이나 시정장애 현상으로 가려져 있을 때, 가려진 부분이 5/8가 되기 시작하는 고도

④ 시정(visibility) : 대기의 혼탁정도를 나타내는 척도

㉠ 낮인 경우 : 그 방향의 하늘을 배경으로 한 검은 목표의 모양을 확인할 수 있는 최대거리

㉡ 밤인 경우 : 세계기상기구(WMO)의 규정에 의함

그림 9-2 **구름의 종류**

⑤ 뇌우

㉠ 번개를 수반하는 비를 칭함

㉡ 뇌우속의 하강기류는 지상 100~150m에 존재하며 비행기 추락의 원인이 됨

⑥ 결빙

㉠ 찬비가 내릴 경우에 결빙 가능성이 높음

㉡ 항공기에는 방빙(anti-icing)과 제빙(de-icing)장치로 기체 외부의 결빙을 방지함

⑦ 난기류

㉠ 기상에 의한 난기류(교과서 표 9-2)

㉡ 비행기 후류에 의한 난기류

㉢ 날개끝 와류에 의한 난기류

그림 9-3 **전단풍에 의한 항공기 사고**

※ 이착륙시 전단풍(wind shear)에 의한 난기류는 사고의 원인이 됨.

(2) 항공시보(NOTAM)

NOTAM(Notice to Airmen) : 시간적으로 긴급을 요하고 비행결심에 영향을 미치는 항공정보나 다른 간행물에 적시에 수록되지 못한 사항들을 조종사에게 고시

※ 조종사는 비행전에 반드시 NOTAM 내용을 열람해야 한다.

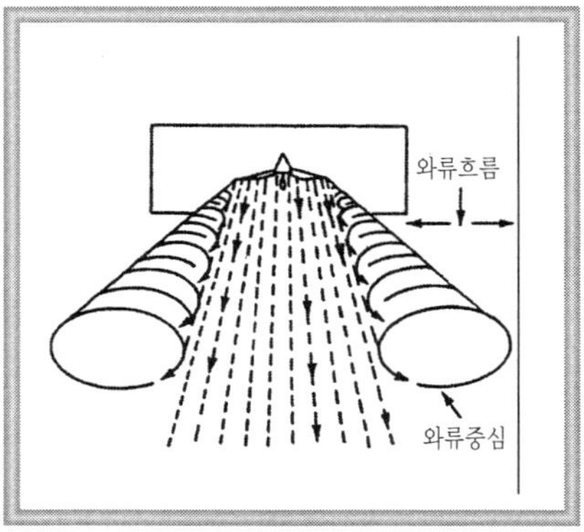

그림 9-4 날개끝 와류

(3) 항공용 차트(chart)

일반지도에 포함되지 않은 항법장비, 지형의 특성들을 명시한 차트

※ 시계비행용 chart와 계기비행용 chart로 구분됨

(4) 비행계획서

① 비행계획서에 기재될 내용 : 항공기 등록/식별부호, 출발공항, 목적지, 경로, 연료, 총 비행시간 등

② 비행계획서의 제출은 시계비행시에는 권장사항이나 계기비행시에는 의무사항

(5) 무게와 평형

① 비행기의 C.G(Center of Gravity, 무게중심)는 다음식으로 구한다.

$$\text{C.G의 위치} = \frac{\sum M(\text{총모멘트})}{\sum W(\text{총무게})}$$

② 비행기의 C.G는 전방한계와 후방한계가 있고 비행중에 항상 이 한계 내에 있어야 한다.

(6) 탑재연료

탑재비행의 연료량은 시계비행과 계기비행으로 구분하여 정하며 국내 항공법에 따른다.

예 시계비행의 경우 : 목적지까지의 연료량+순항속도로 30분간(야간에는 45분) 더 비행할 수 있는 연료량

항공기 운항절차

(1) 운항 브리핑

비행이 시작되기 전 그날의 운항에 관한 브리핑을 한다. 그 내용은 기상, NOTAM, 비행계획서 등 비행에 영향을 미치는 사항과 일반 관련 사항을 브리핑 한다.

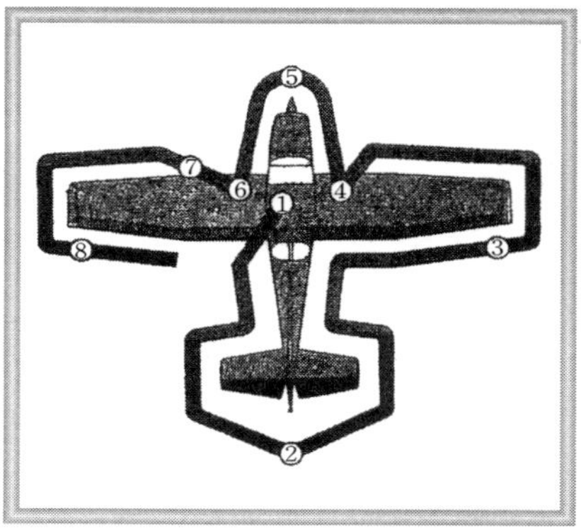

그림 9-5 항공기 외부 점검 순서 (Cessna-172)

(2) 비행전 점검

① 조종사는 점검표에 의하여 항공기의 내부 및 외부

점검을 한다.

② 점검이 끝나면 조종사는 탑재용 항공일지에 서명한다.

(3) 운항절차

시동 및 지상 활주 → 이륙 → 상승 → 순항비행 → 접근 → 착륙 및 주기

공중항법

(1) 기본요소

① 위치 : 지구표면상의 좌표(위도와 경도를 기준선과 이루는 각도로 표시)

② 방향 : 북쪽을 가리키는 기준선과 현지점에서 원하는 지점으로 향하는 직선과 이루는 각도로 표시

③ 거리와 속도 : 항법에 사용되는 일반적으로 국제해상마일을 사용한 노트(Knot)나 육상마일을 사용한 MPH(mile per hour)로 표시

④ 시간 : 경도의 기준선을 영국의 그리니치 천문대를 통과하는 본초자오선으로 정하여 국제적 표준시를 사용, 1일 24시간으로 표시

(2) 공중항법의 종류

항법은 목적지로 항공기의 진행방향을 바르게 유지하는 방법으로서 그 종류는

① 지문항법(Pilotage)

② 추측항법(Dead Reckoning Navigation)

③ 천문항법(Celestial Navigation)

④ 무선항법(Radio Navigation)

⑤ 자립항법(Self-contained Navigation)

⑥ 위성항법(Satellite Navigation)

이며 앞으로 GPS를 이용한 위성항법이 주력을 이룰 것임

항공안전

(1) 항공기 사고에 대한 정의

사람이 항공기 내외에서 항공기나 항공기 부품에 접촉하여 사망 또는 치명상을 입었을 때, 항공기에 막대한 피해가 발생하였거나 항공기가 행방불명되었을 때를 항공기 사고로 정의한다.(국내 항공법)

※ 국제민간항공기구(ICAO)에서는 광의의 항공기 사고(aircraft accident)와 사건에 속하는 준사고(incident)로 구분

(2) 항공안전관리

항공안전에 관계되는 요소는 ① 인간 ② 기계 ③ 환경 ④ 임무 ⑤ 관리이며, 이 중에서 인적요소(human factor)를 가장 중요하게 강조되고 있다

항공기 관리

(1) 항공기 등록

① 건설교통부에 등록하여야 하며 등록내용은

㉠ 항공기의 형식 ㉡ 제작사 ㉢ 제작번호 ㉣ 정치장

㉤ 소유자 또는 임차인 ㉥ 등록년월일 ㉦ 등록기호

② 등록의 종류에는

㉠ 신규등록 ㉡ 변경등록 ㉢ 이전등록 ㉣ 말소등록

이 있다.

(2) 감항증명(Airworthiness Ceritificate)

① 항공기가 운항하는데 과연 기술적으로 안전한 것인가에 대한 것을 증명하는 제도

② 대상 항공기 :

㉠ 대한민국 국적기 ㉡ 외국 국적기 ㉢ 국적취득이전 항공기

③ 유효기간 : 1년을 원칙으로 함

④ 검사의 범위 : 해당 항공기의 설계, 제작과정 및 완성후의 상태와 비행성능(형식증명을 받은 항공기는 설계와 제작과정에 대한 검사를 생략)

(3) 형식증명(Type Certificate)

① 항공기의 설계가 신청한 형식에 따라 그 강도, 구조 및 성능에 대하여 기술상의 기준에 적합한가를 증명하는 제도

② 대상 : 항공기, 발동기, 프로펠러

③ 신청 및 발부 : 항공기 및 해당 장비품 제작자가 신청하며 기술기준에 적합하면 검사 후 증명이 발급되고 형식번호가 주어진다.

④ 검사방법 :

㉠ 설계도면 검사 ㉡ 항공기의 제작과정에 대한 검사

㉢ 완성 후의 상태 및 비행성능에 대한 시험비행

(4) 정비, 수리, 개조검사

① 수리범위는 항공법의 규정에 따르며

② 수리, 개조작업의 구분 : 교과서 표 9-3 참조

(5) 예비품 증명

① 감항증명을 받은 항공기에 장착할 발동기, 프로펠러, 기타 안전성에 중요한 장비품에 대

하여 지방항공청장에 의한 검사 또는 장비품의 수리, 개조 능력을 인정받은 자의 확인에 의하여 시행된다.

② 확인결과 기술기준에 적합한 경우에 각 장비품에 사용가능 표찰이 부착된다.

안전운항 관리

(1) 항공기 안전장치

고고도 또는 운중비행과 같은 특별비행을 하는 경우 다음과 같은 별도의 안전장비를 갖추어야 한다.

① 동결방지 장치 ② 외기온도계 ③ 산소흡입장치 ④ 항공계기
⑤ 산소공급장치 ⑥ 기압저하경보장치 ⑦ 사고예방장치

(2) 순항고도

시계비행에 있어서 지표 또는 수면으로부터 900m 이상, 계기비행에서는 300m 이상의 고도로 순항할 때는 건설교통부장관이 정하는 고도로 비행해야 한다.

(3) 충돌방지

① 항공기는 다른 항공기 또는 선박 등과의 충돌을 예방하기 위하여 건설교통부령이 정하는 항로 및 속도에 따라 항행해야 한다.(법 제 58조 '충돌예방')

② 본조는 항공기가 타 항공기와의 충돌을 예방하기 위하여 그리고 비행장에서 항공기 이착륙의 안전을 확보하기 위하여 건설교통부령이 정하는 진로권, 간격, 비행방법 등을 규정하고 있다.

항공종사자 관리

(1) 항공종사자의 정의

항공종사자는 다음과 같은 자격증을 받은 자를 말한다.

① 운송용 조종사 ② 사업용 조종사 ③ 자가용 조종사
④ 항공사 ⑤ 항공기관사 ⑥ 항공교통 관제사
⑦ 항공정비사 ⑧ 항공공장 정비사 ⑨ 운항관리사

(2) 항공종사자 자격증명

신청자가 일정한 요건에 해당하고 항공 업무에 종사하는데 필요한 지식을 갖는가에 대한 시험을 행하고 합격한 경우에 주어진다.

10 우주추진

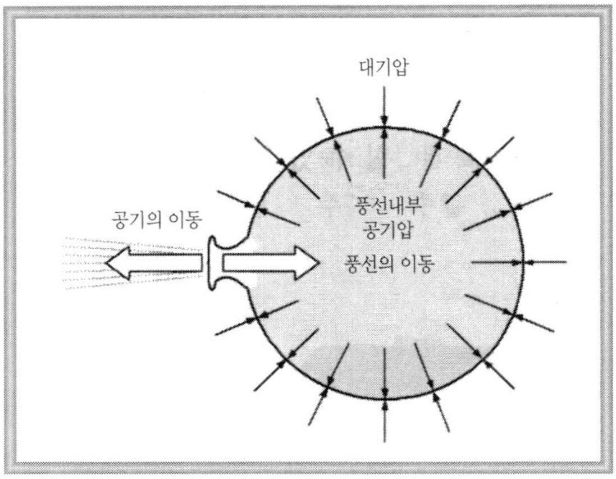

그림 10-1 **작용과 반작용의 법칙**

그림 10-2 **로켓의 추진원리**

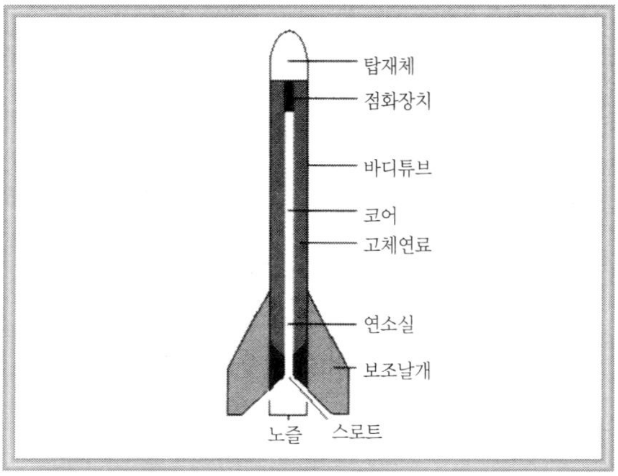

그림 10-3 **고체로켓의 구성**

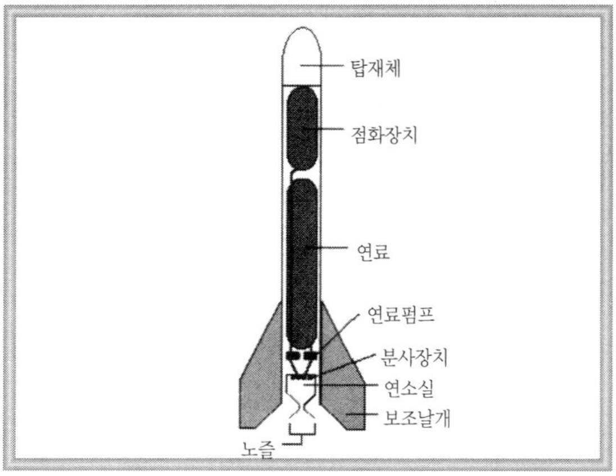

그림 10-4 **액체로켓의 구성**

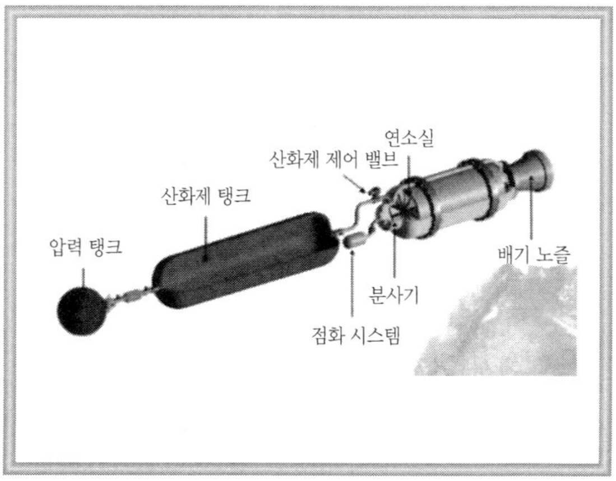

그림 10-5 **하이브리드로켓 추진시스템의 구성**

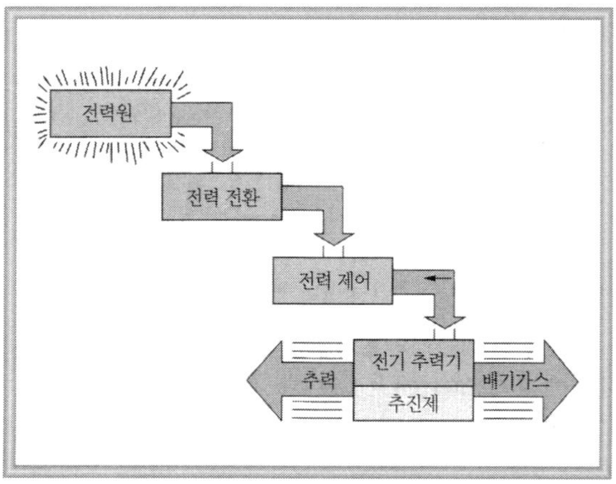

그림 10-6 **전기추진시스템의 작동원리**

그림 10-1 • 작용과 반작용의 법칙

• 로켓의 추진원리 : Newton의 제3법칙인 작용과 반작용의 법칙 이용

그림 10-2 • 로켓의 추진원리

• 연료와 산화제 → 연소실에서 연소 → 노즐 → 가스분출

그림 10-3 • 고체로켓의 구성

• 고체추진 시스템 : 연료와 산화제 혼합물인 grain 사용, 구조 간단, 제작비 저렴, 추력조절 및 재시동 불가능

그림 10-4 • 액체로켓의 구성

• 액체추진 시스템
  ① 이원추진 시스템 :
  액체산화제와 액체연료 사용
  ② 단일추진 시스템 :
  산화제 대신에 촉매 사용. 미세한 위성의 자세나 궤도제어에 사용

그림 10-5 • 하이브리드로켓 추진시스템의 구성

• 하이브리드로켓 추진시스템 :
  ① 고체추진제의 단점 보완(추력 조절 가능)
  ② 고체연료에 액체산화제 분사(액체로켓과 고체로켓의 혼합형)

그림 10-6 • 전기추진시스템의 작동원리

• 전기적 또는 자기적 힘에 의하여 배기가스를 가속시켜 추력을 얻음.
• 전력원은 태양에너지, 원자력 또는 배터리 사용

• 로켓 추진시스템 :
  ① 열추진시스템 : 화학추진, 태양풍추진, 레이저추진
  ② 전기추진시스템 : 전열추진, 정전기추진, 전자기추진
  ③ 원자력추진

• 화학 추진시스템 :
  ① 고체추진
  ② 액체추진
  ③ 하이브리드추진

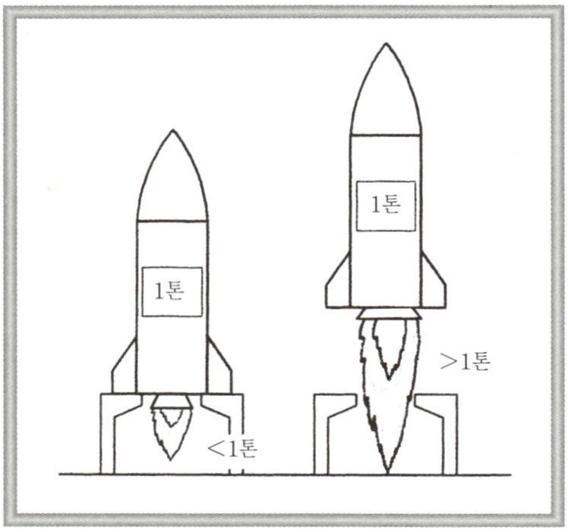

그림 10-7 **로켓의 추력**

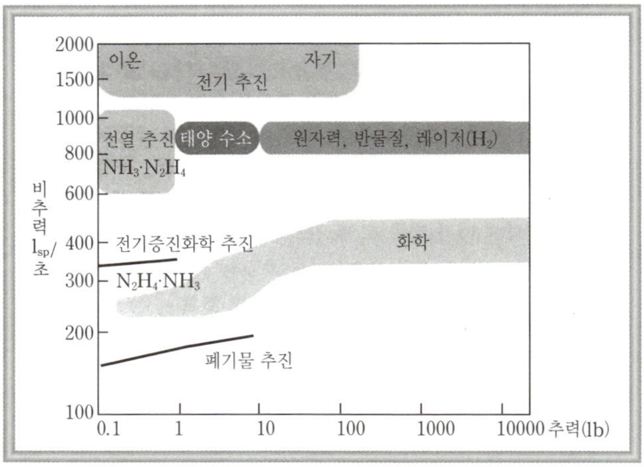

그림 10-8 **추진시스템에 따른 추력과 비추력의 비교**

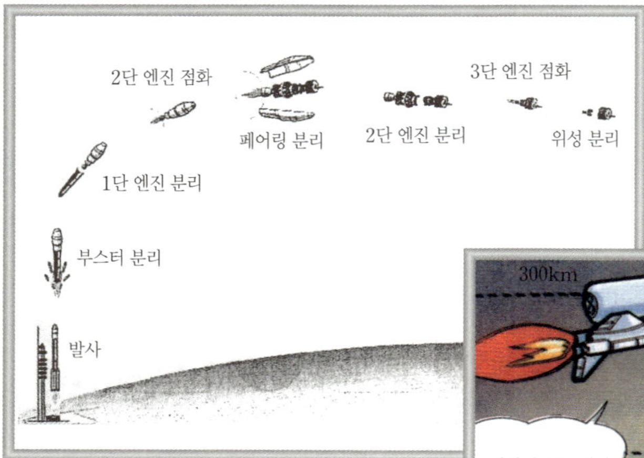

그림 10-9 **다단로켓의 발사 후 과정**

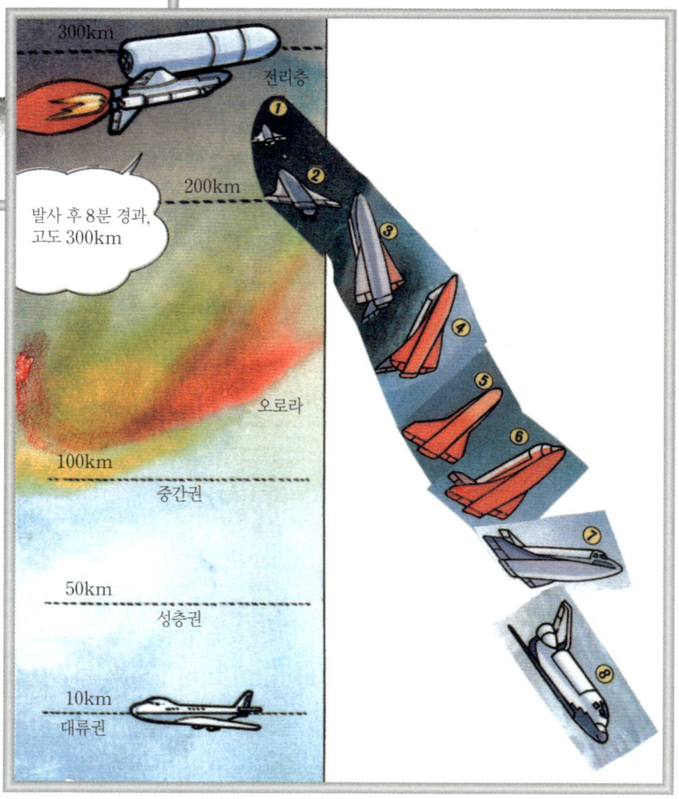

그림 10-10 **우주왕복선의 지구 귀환과정**

※ 로켓추진제

① 액체추진제
- 탄화수소(케로신 및 정제석유) – 산화제인 액체산소와 결합 사용
- 극저온 추진제 : 액체수소/액체산소(−253℃/−183℃)다른 추진제보다 추력이 40% 높음(우주왕복선에 사용)
- 자동연소성 추진제 : 서로 접촉하면 자발적으로 점화되는 추진제(하이드라진)

② 고체추진제
- 균질추진제 : 니트로 셀루로스와 니트로 그리세린계통의 화약을 혼합
- 복합추진제 : 60~90%의 산화제+광물성물질혼합 → 딱딱한 고무형태

③ 하이브리드추진제 : 연료는 고체, 산화제는 액체, 고체연료의 연소제어가능, 큰 추력 엔진에는 부적합, 현재 연구단계

그림 10-7 • 로켓의 추력

- 추력 $F=\dot{m}V_e+(P_e-P_a)\times A_e$
  - $\dot{m}$: 분사되는 가스의 질량률
  - V_e : 연소가스의 분출속도
  - P_e : 노즐출구에서의 연소가스 압력
  - P_a : 대기압
  - A_e : 노즐 출구의 면적
- 추력이 로켓무게보다 클 때 부상

그림 10-8 • 추진시스템에 따른 추력과 비추력의 비교

- 비추력(specific impulse) : 1초에 1 lb (또는 1kg)의 추진제를 소모하여 발생하는 추력

$$I_{sp}=\frac{F}{\dot{m}g}$$

F : 추력　　I_{sp} : 비추력

g : 중력가속도　　$\dot{m}$: 질량흐름률

그림 10-9 • 다단로켓의 발사 후 과정

- 발사단계 :
  발사 → booster분리 → 1단엔진 분리 → 2단 엔진 점화 → fairing분리 → 3단 엔진 점화 → 위성 분리
- 발사체의 종류
  ① 소모성 발사체 : 1회 사용
  ② 재생발사체 : 반복사용, 우주왕복선

그림 10-10 • 우주왕복선의 지구 귀환과정

① 과정 : 초속 약 7.8km로 감속, 고도 약 280km

② 과정 : 로켓 역분사, 속도감속

③ 과정 : 자세를 바꾼 뒤 로켓 정지

④ 과정 : 대기권 돌입, 통신은 불가능(약 10분간)

⑤ 과정 : 공기와의 마찰로 기체 외부의 온도는 약 1,500℃

⑥ 과정 : 초속 약 3.6km, 고도 약 60km

⑦ 과정 : 통신 가능, 고도 약 55km

⑧ 과정 : 지상을 향해 급강하 후 활공하여 착륙

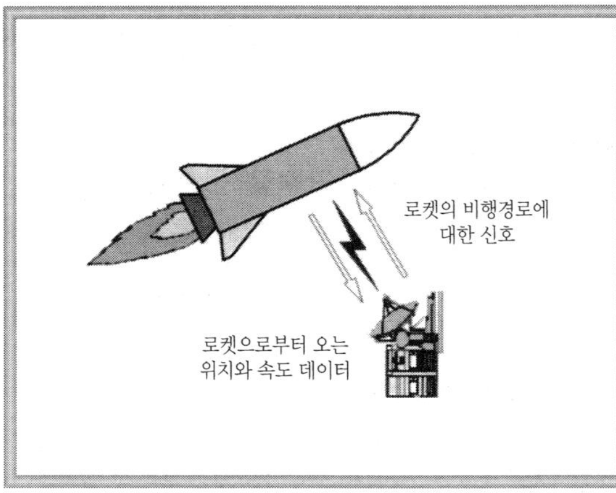

그림 10-11 **전파유도**

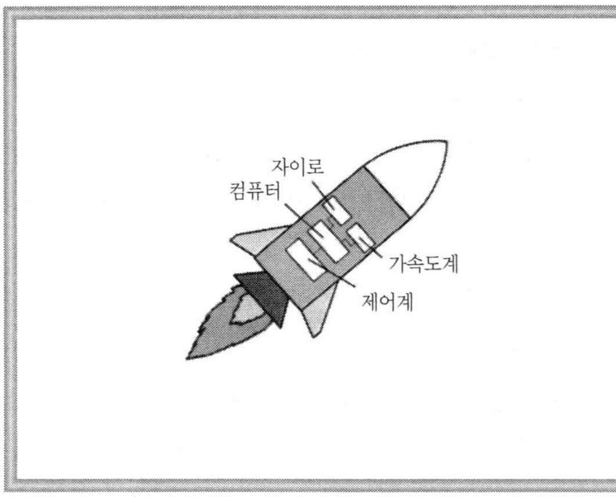

그림 10-12 **관성유도**

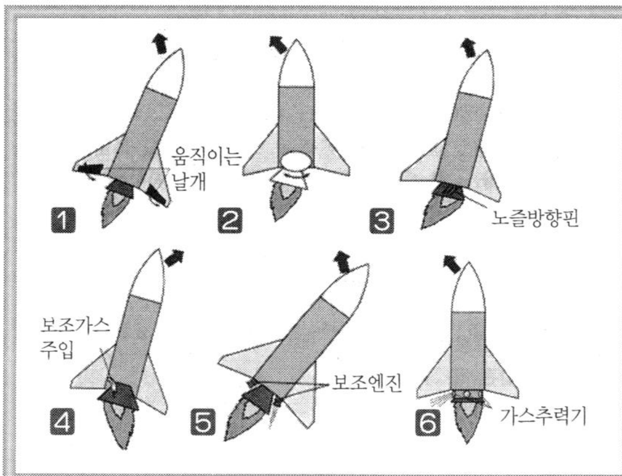

그림 10-13 **로켓제어의 종류**

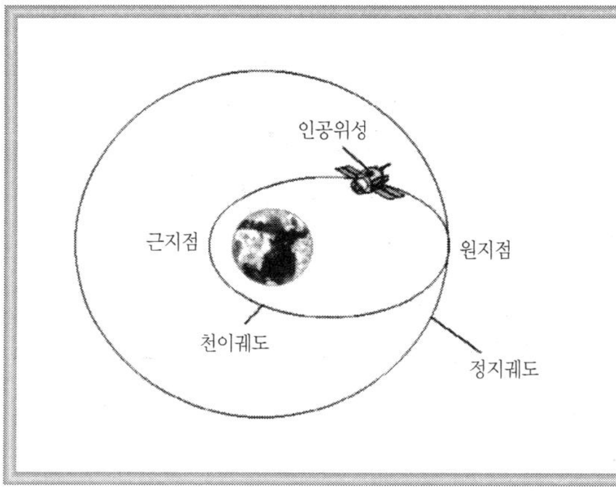

그림 10-14 **정지궤도 위성 발사단계**

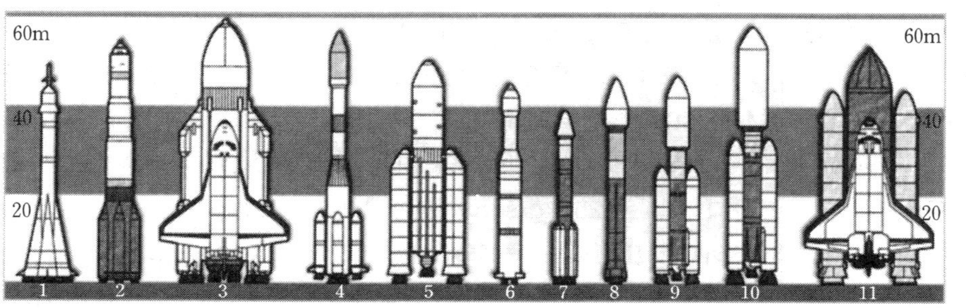

세계의 발사체 1. 소유즈 2. 프로톤 3. 에네르기아/부란 4. 아리안 4 5. 아리안 5 6. 대장정 7. 델타-II
8. 아틀라스-II 9. 타이탄-III 10. 타이탄-IV 11. 우주왕복선

그림 10-15 **세계 우주 발사체**

• 로켓의 유도와 제어 : 미리 정해진 코스와 일정을 따라가도록 만드는 것을 유도라하며 이를 위하여 computer의 명령에 의해 로켓의 속도와 비행방향을 변경하는 것을 제어라 함
• 종류 : ① 유도제어 방식 : ㉠ 전파 유도, ㉡ 관성유도
② 직접제어 방식 : ㉠ 날개사용, ㉡ 노즐방향핀, ㉢ 보조가스 주입
㉣ 보조엔진사용, ㉤ 가스분사

그림 10-11 • 전파유도

• 전파 또는 rocket에서 전송되는 신호와 지상레이더의 관측자료를 사용하여 계획된 궤도로 원격조종하는 방법

그림 10-12 • 관성유도

• 탑재된 자이로와 가속도계를 사용하여 처음에 목표를 정해주기만 하면 자신의 위치를 계산하여 스스로 목표를 찾아가게 유도하는 방법(관성항행시스템이라고도 함)

그림 10-13 • 로켓제어의 종류

1 날개를 사용 : 날개의 각도 조절로 로켓을 제어
2 엔진이나 노즐회전 : 엔진이나 노즐 전체의 방향 변환, 우주왕복선에 사용
3 노즐방향핀 사용 : 핀(fin)을 사용하여 가스분출 방향 전환. V-2 rocket에 사용했으나 현재 사용 안함
4 보조가스 주입 : 고체 로켓에 사용. 기체 또는 액체 등을 노즐에 주입. 분출가스의 방향 변환
5 보조소형엔진 사용 : 작은 보조엔진을 부착하여 방향 전환
6 가스분사 : 몸체에 냉가스출력기를 설치하여 가스분출로 방향조절

그림 10-14 • 정지궤도 위성 발사단계

• 로켓상승(200~300km 고도) → 주차궤도 → 근지점 엔진점화 → 천이궤도 → 원지점 엔진점화(속도 1.7km/sec) → 표류궤도(system 정상작동 확인) → 운용궤도(정지궤도에 돌입, 운용궤도에서 요구되는 속도 3.07km/sec)

그림 10-15 • 세계 우주 발사체

• 궤도용 발사체 :
미국(델타 시리즈, 아틀라스 시리즈, 타이탄 시리즈), 러시아(소유즈, 프로톤), 아리안 스페이스(아리안 로켓), 중국(대장정)

11 인공위성과 우주

그림 11-1 **인공위성의 원리**

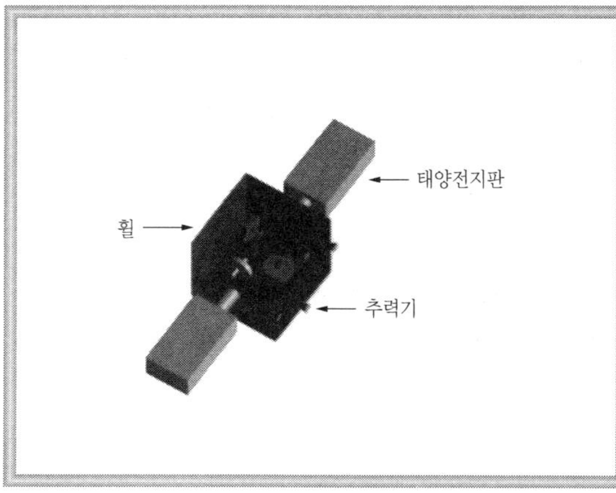

그림 11-2 **박스형(3축 안정화 방식) 위성**

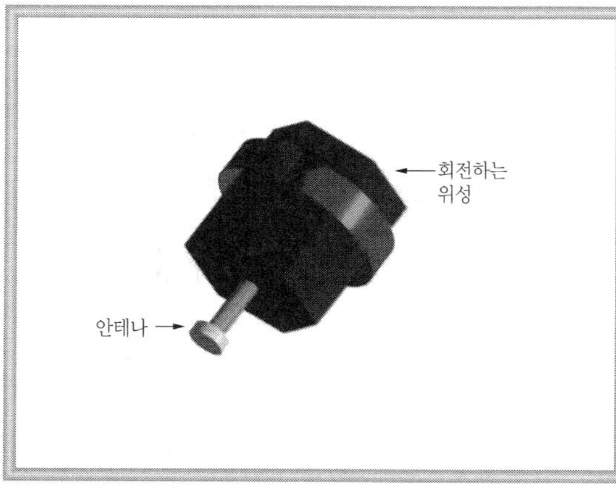

그림 11-3 **원통형(회전 안정화 방식) 위성**

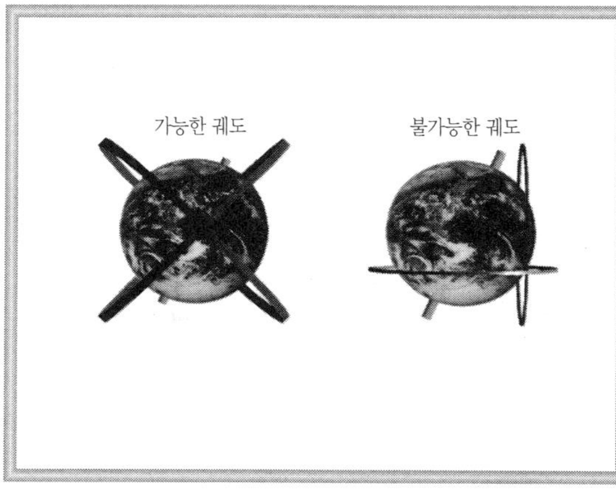

그림 11-4 **위성궤도의 가능면과 불가능면**

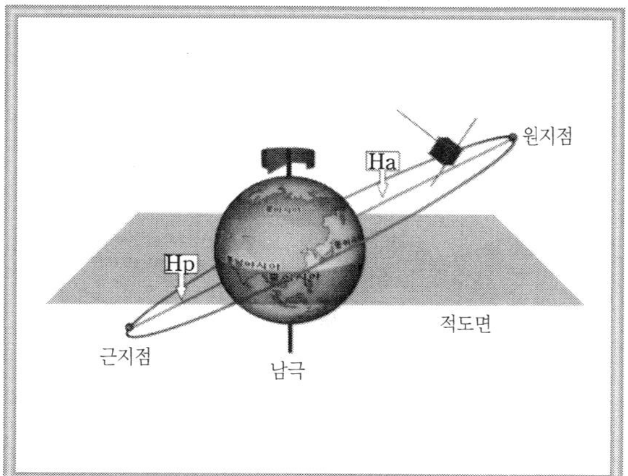

그림 11-5 **인공위성의 궤도**

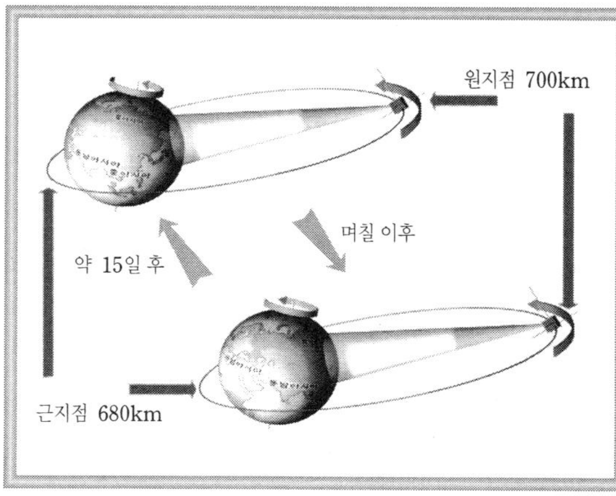

그림 11-6 **저궤도위성(랜셋)의 궤도**

• 인공위성의 종류
① 임무에 따른 분류 :
실용위성(통신, 방송, 기상, 지구관측용), 과학위성(지구, 우주환경 측정, 천체관측)
② 형상 또는 안정화 방식에 의한 분류 :
박스형(3축 안정화 방식), 원통형(회전 안정화 방식)
• 궤도에 따른 위성의 종류
① 저궤도 : 고도가 500~1,500 km 사이 고도, 500 km 이하에서는 공기저항이 큼
궤도 주기는 90분~2시간, 원형궤도 또는 타원궤도
② 고궤도 : 고도가 5,000~15,000 km 사이 고도, 궤도 주기는 6시간 정도
Van Ellen belt : 1,500~5,000 km와 15,000~30,000 km 두개의 영역으로 구분. 전파통신에 악영향을 미치므로 위성은 이 영역을 피함
③ 정지궤도 : 고도 35,786 km 궤도로 적도면의 원형궤도, 공전 주기는 23시간 56분 4초 (지구 자전주기와 동일)

그림 11-1 • 인공위성의 원리

• 제1차 우주비행속도 : 위성의 초기회전을 위한 이론적인 속도=7.9 km/sec
• 제2차 우주비행속도 : 달이나 행성으로 보낼 때의 초기속도=11.2 km/sec
※ 우주 :
고도 160 km 이상(공기희박)
고도 500 km 이상(공기전무) : 인공위성 고도

그림 11-2 • 박스형(3축 안정화 방식) 위성

• 가장 많이 채택, 박스형 몸체와 태양전지판으로 구성, 정밀도가 높다.
• 위성내부에 회전하는 자이로의 강직성으로 안정화 기함

그림 11-3 • 원통형(회전 안정화 방식) 위성

• 원통형 몸체를 회전시켜 안정화
• 안테나, 센서, 태양전지판이 관성목표를 지향할 수 없는 단점

그림 11-4 • 위성궤도의 가능면과 불가능면

• 지구 위성인 경우 궤도면은 항상 지구 중심을 통과해야 함

그림 11-5 • 인공위성의 궤도

• Ha : 지구표면에서 원지점까지 거리
• Hp : 지구표면에서 근지점까지 거리

그림 11-6 • 저궤도위성(랜셋)의 궤도

• Land sat 저궤도 위성 :
위성의 주기가 98.5분, 하루에 15회 정도 지구 회전

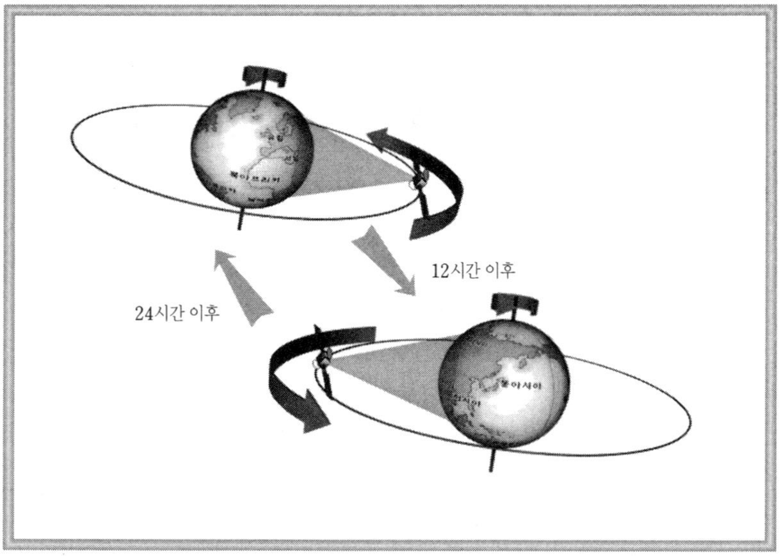

그림 11-7 정지궤도 위성

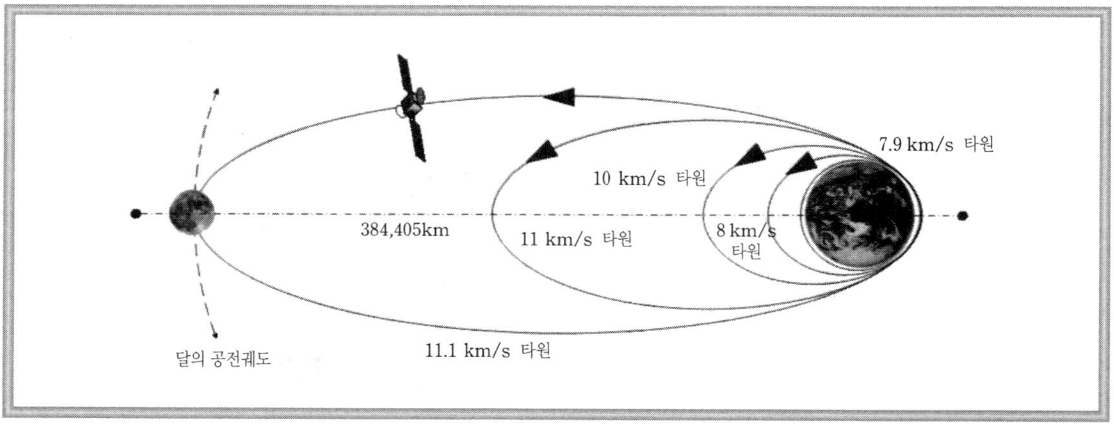

그림 11-8 속도에 따른 궤도의 변화

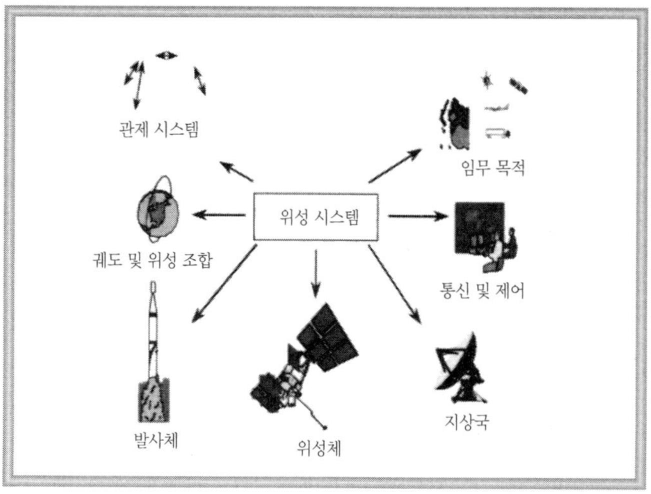

그림 11-9 위성 시스템의 구성요소

그림 11-7 • 정지궤도 위성

- 고도 35,786 km로서 경사각이 0도인 적도면의 원형궤도
- 궤도의 공전주기는 23시간 56분 4초로서 지구의 자전주기와 동일
- 전파를 송수신하기 위해 안테나를 움직일 필요가 없으며 하나의 위성으로 수명을 다할 동안 고정된 지역에서 계속적인 서비스 제공
- 주로 통신, 방송위성이나 기상위성의 궤도로 사용

그림 11-8 • 속도에 따른 궤도의 변화

- 타원궤도 :
  위성이 원궤도에서는 속도가 일정하며 이때 속도를 약간 증가시키면 타원궤도를 돌게 된다. 속도의 증분이 클수록 긴 타원을 만든다. 원지점이 약 40,000 km, 근지점이 약 600 km가 된다(몰니아 궤도). 이 궤도는 정지궤도에서 커버할 수 없는 고위도 지역을 더 오랜 시간 관측이 가능하다.

그림 11-9 • 위성 시스템의 구성요소

- 위성시스템의 구성 :
  본체(임무탑재체나 장비보호, 자세제어, 열제어, 추진, 기계적인 지지, 전력공급, 지상국과의 교신)와 탑재체(통신, 지구관측, 기상, 과학연구 등 임무 수행)
- 지상국 시스템 :
  위성과의 통신을 수행하는 장비 및 소프트웨어, 안테나, 전력증폭기, 저소음 수신기, 위성의 원격추적 및 통제장비 비치
- 발사체 시스템 :
  위성을 목적하는 궤도까지 올려주는 운반체로 로켓(1회 사용)이나 왕복우주선(반복 사용)이 있다.

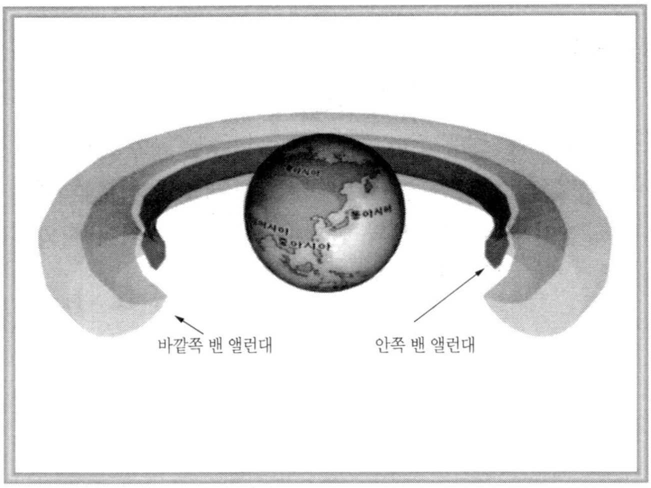

그림 11-10 **밴 앨런대**

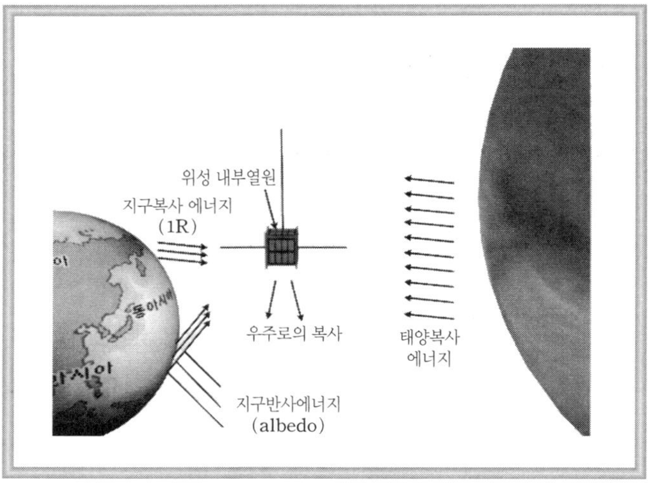

그림 11-11 **위성체의 열환경**

그림 11-12 **허블우주망원경**

그림 11-10 • 밴 앨런대(Van ellen belt)

- 안쪽 밸 앨런대 : 1,500~5,000 km 고도
- 바깥쪽 밸 앨런대 : 15,000~30,000 km 고도
- 고에너지 입자가 밀집된 영역으로 전파통신에 악영향 미침

그림 11-11 • 위성체의 열환경

- 지구로부터 반사되는 태양에너지, 지구와 대기로부터 방출되는 복사에너지에 의한 열에너지 받음
- 태양으로부터의 복사에너지(5,507℃의 흑체온도를 갖는 태양과 −270℃의 심우주로부터의 극한치 온도 존재)
- 지구궤도 위성의 경우 : 보통 −70℃(태양 반대편)에서 80℃(태양 쪽)의 온도변화를 받음

그림 11-12 • 허블우주망원경

- 1990년 4월 우주왕복선 디스커버리호에 실려 지상 600 km 상공궤도에 올려짐
- 2.4m급의 망원경으로 110억 광년 떨어진 은하계를 관측
- 1997년에 초신성의 폭발을 관측 → 암흑에너지(balck hole)의 존재를 뒷받침

※ 국제우주정거장(ISS : International space station)

- 1998년부터 세계 각국이 참여하여 건설중인 다목적 우주정거장
- 2010년까지 완성, 지표면에서 350 km 상공에 설치
- 속도는 27740 km/h, 하루에 지구를 15.78회 회전

우주환경

(1) **복사환경** : Van Ellen 대에 있는 양성자와 전자로 이루어진 에너지 입자, 은하계의 신성 혹은 초신성 폭발에 의한 에너지 입자로 지구로 오는 은하우주복사선, 태양으로부터 고에너지 입자가 있다.

※ 플라스마(plasma)는 양과 음으로 대전된 입자의 구성비가 같은 이온화된 가스
플라스마 환경에서 에너지는 대전입자들을 계속 움직이게 하여 전류 발생
우주의 약 99%가 플라스마로 이루어짐.

(2) **무중력과 미세중력** :
① 무중력 → 지구를 향한 중력과 위성의 회전에 의한 원심력이 같은 상태
② 무중력 모사 : 낙하타워, 포물선 비행 항공기, 과학 로켓, 우주 왕복선, 우주 정거장
③ 특성 :
㉠ 비중이 다른 물질끼리 혼합 용이
㉡ 대류현상이 없음
㉢ 불순물 없는 결정체 제조 가능
㉣ 농도가 큰 순수물질 제조 가능
④ 미세중력 : 우주의 중력장에서 자유낙하 할 때 지구상에서의 물체의 무게보다 현저하게 감소. 지구궤도의 물체가 선회할 때 연속적인 자유낙하 상태에 있으면 이것을 미세중력이라 함.

(3) **미세운석과 우주파편** : 대개 직경이 1cm 이하로 운석 및 파괴된 우주비행체 파편들

행성탐사

1961년 미국 캘리포니아 공대의 제트추진연구소에서 인턴 직원으로 근무하던 수학과 대학원생 마이클 미노비치가 태양계 외곽행성을 탐사할 수 있는 획기적인 방식을 제안했다. 당시 우주선은 자체 추진력에만 의존, 연료 적재의 한계 때문에 목성 너머로 탐사선을 보낼 수 없었다. 하지만 미노비치는 우주선의 궤도를 잘 설계하면 행성의 중력을 이용해 우주선을 더 먼 행성까지 쉽고 빠르게 보낼 수 있다는 사실을 이론적으로 밝혀냈다.

행성들은 매우 빠른 속도로 태양의 주위를 돌고 있다. 지구의 공전속도는 초속 29.8 km에 달한다. 우주선이 그런 행성의 뒤쪽으로 접근하면 행성의 중력에 끌려들어가면서 속도가 빨라지게 된다. 이때 우주선의 고도를 잘 맞추면 가속도가 붙은 상태에서 미끄러지듯이 행성 궤도 바깥으로 튕겨져나가 다른 행성으로 갈 수 있는 추진력을 얻을 수 있다. 미노비치가 제안한 이 방식을

'스윙 바이(swing-by)' 라고 한다.
문제는 행성의 배열이 맞아야 한다는 것이다. '스윙 바이'를 이용해 목성, 토성, 천왕성, 해왕성을 탐사할 수 있는 최적의 행성 배열은 대략 175년 주기로 나타난다. 1976~1978년이 바로 그런 시기였다. 그렇게 해서 보이저 프로젝트가 탄생했다. 1977년 8월 20일 보이저 2호가 먼저 발사됐고, 보이저 1호는 2차례 발사 연기 끝에 9월 5일 지구를 떠났다. 하지만 보이저 2호 발사에서 드러난 문제점을 보완한 덕분에 보이저 1호가 더 효율적인 궤도를 그리며 앞서 나가게 됐다.

보이저 1호가 발사 28년 만에 태양계와 항성간 우주공간의 경계지역에 도달한 것이 최근 공식적으로 확인됐다. 거의 한 세대 동안 140억km나 비행하고도 여전히 지구와의 교신을 유지하면서 우주의 비밀에 관한 새로운 데이터들을 보내오고 있다니 그저 놀라울 뿐이다. 앞으로 10년쯤 더 비행하면 인간이 만든 비행체가 처음으로 태양계를 벗어나는 기록을 세우게 된다.

보이저에는 외계의 지적(知的) 생명체와 만날 가능성에 대비해 12인치 크기의 금 도금 구리 디스크가 탑재돼 있다. 여기에는 지구상에 존재하는 생명과 문화의 다양함을 알릴 수 있는 115장의 사진과 여러 가지 소리, 27곡의 각국 음악, 55개의 언어로 녹음한 인사말 등이 담겨 있다. "안녕하세요"라는 우리말 인사도 들어 있다. 혹시라도 외계인이 있어 우주공간을 떠도는 보이저 1호를 수거하더라도 무슨 뜻인지 알아들을리는 없지만 가능성을 상상해보는 것만으로도 가슴 설레는 일이다.

인력추진 비행기

폴 맥크레디가 제작한 항공기의 가장 큰 특징은 특이한 동력 시스템에 있다. 그가 만든 거서머 콘돌(가벼운 콘돌: Gossamer Condor)과 거서머 알바트로스(Gossamer Albatross)는 사람이 돌리는 페달의 힘으로 추진력을 내도록 제작된 '인력(人力)' 추진 비행기(Gossamer Condor)이다.

1959년 영국인 헨리 크레머는 2.17 km의 거리를 비행할 수 있는 인력 비행기를 제작하는 사람에게 현상금 5천 파운드를 내걸었다. 이 크레머 상(Kremer Prize)에 수십 명이 도전했으나, 모두 실패했고, 결국 브라이 언 앨런이 맥크레디의 거서머 콘돌을 조종하여 성공, 상금을 차지했다. 크레머는 또다시 인력으로 영국해협 횡단을 성공하는 비행기에 10만 파운드의 상금을 걸었다. 맥크레디는 콘돌을 개량, 총중량 34kg의 알바트로스를 제작하였고, 역시 브라이언 앨런이 도전하였다. 그는 1979년 6월 12일, 2시간 49분만에 36km 폭의 영국 해협을 '페달을 밟아서' 건너는 데 성공하여 상금을 차지했다.

폴 맥크레디가 플라스틱, 철사, 알루미늄합금, 발사나무 등을 재료로 만든 콘돌기, 날개폭이 29m에 달하지만 초경량재료를 사용하여 중량은 32kg에 불과하였다. 날개밑에 설치된 조종석에는 자전거 페달을 개조한 발판에 4m길이의 프로펠러를 달아 이를 사람이 밟아 추진력을 얻었다.

시속 20km로 비행하려면 인간의 힘을 1/3 마력으로 계산할 때 장시간 동안 1분에 90분꼴로 계속 페달을 밟아줘야 하므로, 인력비행기는 엄청난 체력소모가 따른다. 따라서 대부분 인력비행기 조종사는 자전거 선수의 경험이 있는 사람이 맡는 경우가 많다고 한다.

인력비행기 부문에서 최장거리 비행기록은 1988년 MIT와 NASA가 제작한 '다이달로스' 호를 그리스의 사이클 선수 카넬로스 카넬로포울로스가 조종하여 에게 해(海)의 크노소스 섬에서 테라 섬까지 112.6km를 3시간 54분 59초만에 날아 세운 기록이다.

무착륙 세계일주 비행기

재급유 없이 논스톱으로 초장거리를 비행할 수 있는 항공기인 보이저(Voyager)에 대한 아이디어는 1981년 버트 루탄이 식사중에 떠오른 아이디어를 냅킨에 메모한 것에서부터 시작되었다. 조종사인 지나 예거(Jeana Yeager)와 버트(Birt)·딕 루탄(tDick Rutan) 형제는 함께 사상 최초로 공중급유 없이 지구를 일주할 수 있는 항공기인 Rutan Model 76 보이저의 제작을 추진하였다.

세계일주비행은 이미 1931년 윌리 포스트가 성공하였지만, 중간기착지에 착륙하지 않고, 공중급유도 없이 세계일주를 하는 비행은 시도된 바 없었다. 딕과 지나가 항공기 제작을 위한 모금을 하는 사이에 버트 루탄은 효율적인 항공기 디자인에 주력하였다. 초경량 그라파이트 복합소재를 사용한 동체에 카나드를 부착하여 기체의 안정성과 양력을 증가시켰다. 하지만 린드버그 시절부터 장거리 비행을 시도하는 항공기 조종사들을 괴롭히는 문제인 연료의 탑재공간 문제가

보이저호는 9일 동안 무착륙, 무급유로 지구를 일주하는 비행을 성공함으로써 항공역사에 새 기원을 열었다. 항공기는 대부분 3.3km 이하의 고도로 비행하였지만, 아프리카 대륙의 고지대에서는 난기류를 피하기 위해 6km 이상의 고도로 비행하기도 했다.

발생하였다. 비행중 연료가 떨어진다면 그 다음 결과는 뻔한 것, 지구를 일주하고도 남을 연료를 실을 수 있는 공간을 확보하는 문제가 해결되어야 했다. 1,489갤런의 연료를 실을 수 있는 공간을 확보하기 위하여 긴 칼날 모양의 날개내부, 테일붐, 카나드 등 곳곳에 연료탱크를 설치하였다. 심지어는 조종석 뒤의 휴식공간에도 연료탱크를 설치하고 이 부분부터 사용하여 비행이 진행된 뒤에는 접어넣어 이 공간을 활용할 수 있도록 했다. 결국 비행기 전체중량의 3/4를 차지하는 엄청난 연료의 무게는 세계일주여행의 초반부에 많은 위험요소로 작용하였다.

1986년 12월 14일, 딕과 지나는 에드워드 공군기지에서 드디어 세계일주비행을 시작했다. 연료무게로 인하여 밑으로 쳐진 주날개가 아스팔트에 긁혀 20cm 정도 떨어져 나가면서 4.3km를 활주하고서야 보이저호는 하늘로 떠오를 수 있었다. 방향을 서쪽으로 잡으면서 9일 동안의 지루하고 소모적인 긴 여정이 시작되었다. 두 사람은 비좁은 조종석에서 태풍을 만나는 등 악천후에다 긴장으로 인한 수면부족, 기계고장 등과 싸우면서 비행을 계속했다. 결국 보이저호는 12월 23일 8시 05분에 에드워드 공군기지에 43,927.7km를 비행한 끝에 5만 명의 관중이 환영하는 가운데 무사히 착륙하여 사상 최초의 무착륙, 무급유 세계일주비행에 성공하였다.

부록

NACA 날개골 호칭법

NACA 4자 계열

이 계열은 최대 캠버의 위치가 시위의 40% 뒤쪽에 위치한 날개골로써, 저속항공기의 날개에 많이 사용되는 날개골이다. 4자 계열은 4개의 숫자로 표시되는 날개골로써 첫 자리 숫자는 최대캠버를 표시하고, 두 번째 숫자는 최대 캠버의 위치, 세 번째와 네 번째 숫자는 날개골의 최대 두께를 나타낸다. 이를 예를 들어 설명하면 다음과 같다.

NACA 4412

각 숫자의 뜻은 다음과 같다.
4: 최대캠버가 시위의 4%이다.
4: 최대캠버의 위치가 앞전에서부터 시위 40% 뒤에 있다.
12: 최대 두께가 시위의 12%이다.

4자 계열은 주로 ○○××, 24××, 44××로 표시되며, ○○××는 대칭형 날개골을 뜻한다.

NACA 5자 계열

NACA 5자 계열은 4자 계열의 날개골을 개선하여 만든 것으로써 다섯 자리 숫자로 되어 있고, 첫 자리 숫자와 마지막 두 자리 숫자가 의미하는 것은 4자 계열과 같고 둘째와 셋째 자리 숫자가 4자 계열과 다르다. 그 계열번호의 의미를 설명하면 다음과 같다.

NACA 23015

2: 최대 캠버의 크기가 시위의 2%이다.
3: 최대 캠버의 위치가 시위의 30/2 = 15%이다.
15: 최대 두께가 시위의 15%이다.

이 날개골은 중형 · 대형 프로펠러 비행기에 많이 사용하는 날개골이며, 이러한 모양의 날개골은 프로펠러 비행기에는 적합하나 제트기와 같은 고속기에는 성능이 떨어지기 때문에 적합하지가 않다. 속도가 빠른 고속기에는 6자 계열의 날개골을 사용한다.

NACA 6자 계열

이 계열은 최대 두께 위치를 중앙 부근에 위치하도록 하여 설계 양력계수 부근에서 항력계수가 작아지도록 하고, 받음각이 작을 때 앞부분의 흐름이 층류를 유지하도록 한 날개골로써 층류 날개골(laminar flow airfoil)이라고도 한다. 이 날개골은 속도가 빠른 천음속 제트기에 많이 사용되는 날개골이다.
이 6자 계열의 숫자가 의미하는 것은, 4자와 5자 계열의 끝에 두 자리 숫자가 나타내는 날개골의 최대 두께를 의미하는 것만 동일하며, 그 밖의 숫자는 다른 뜻을 가지고 있다.
그 계열번호를 설명하면 다음과 같다.

NACA 65_1-215

6: 6자 계열 날개골임을 나타낸다.
5: 양력이 0일 때 최소압력은 시위의 50%에 생긴다(기본대칭 두께분포에서)
1: 항력계수가 작은 양력계수의 범위가 설계 양력계수를 중심으로 해서 ±0.1이다.
2: 설계 양력계수가 0.2이다.
15: 최대 두께가 시위의 15%이다.

이 6자 계열의 특징은 항력계수가 작은 양력계수의 범위를 나타내는 것이며. 이 범위를 계열번호로써 나타내는 이유는 비행기가 비행할 때 이 양력계수의 범위에서 비행이 이루어지도록 하기 위한 것이다. 고속기에서는 항력이 작은 범위에서 비행하는 것이 연료 절약면이나 비행 성능면에서 아주 중요하다.
6자 계열 날개골의 양항 극곡선에서 특히 항력이 작아지는 부분을 항력버킷(drag bucket)이라 하는데, 이것은 양항 극곡선의 어떤 양력계수 부근에서 항력계수가 갑자기 작아지는 부분을 말하며, 이 곡선중심의 양력계수가 설계 양력계수이다.
그림 1은 6자 계열의 날개골과 캠버가 있는 날개골을 비교한 양항 극곡선이다. 양항 극곡선이란, 양력계수를 x축에 놓고 항력계수를 y축으로 하여 양력계수 변화에 대한 항력계수 특성을 나타내는 곡선으로서, 날개골의 양항특성을 알 수 있는 중요한 곡선이다. 곡선에서 B와 같이 밑에 오목하게 들어간 부분이 항력버킷이다. 두께가 얇을수록, 또는 레이놀즈수가 클수록 항력버킷은 좁아지고 깊어진다.

이 봉 준
한국항공대학교 항공우주 및 기계공학부 교수('68~'04)
한국항공대학교 대학원장
한국항공우주학회 회장
항공우주산업기술 연구소장
미국 버지니아 공과대학 객원교수
항공부문 KS 규격 제정 및 심의위원
현 한국항공대학교 명예교수

정 홍 철
한국항공대학교 항공우주 및 기계공학부 교수('69~'03)
한국항공대학교 교무, 학생처장
항공우주공학과 학과장
건교부 항공안전 자문위원
산업자원부 항공기 개발사업 자문위원
현 한국항공대학교 명예교수

그림으로 보는
항공우주학개론

지은이 이봉준 · 정홍철
펴낸이 조경희
펴낸곳 경문사
펴낸날 2006년 3월 2일 초판 1쇄
2020년 9월 1일 증보판 10쇄
등 록 1979년 11월 9일 제1979-000023호
주 소 04057, 서울특별시 마포구 와우산로 174
전 화 (02)332-2004 팩스 (02)336-5193
이메일 kyungmoon@kyungmoon.com
facebook facebook.com/kyungmoonsa

값 12,000원

ISBN 89-7282-888-2

★ 경문사 홈페이지에 오시면 즐거운 일이 생깁니다.
www.kyungmoon.com

한국과학기술출판협회 회원사